GUTKiND

TRISTAN JURISCH

IN DEN PILZEN

SUCHEN, FINDEN, SAMMELN

MIT ILLUSTRATIONEN VON MARTINA FRANCK

GUTKiND

INHALT

Für Eckart Klett

HALLIHALLO UND HALLIMASCH

Hallo, ich bin Tristan, lebe in Sachsen und war mit 17 Jahren der jüngste Pilzsachverständige Deutschlands. Ich sammele also gerne Pilze. Immer. Zu jeder Jahreszeit.

Im Herbst geht der typische Pilzsammler und auch die Pilzsammlerin gerne zwei, drei Stunden in den Wald und freut sich, wenn er oder sie Maronen findet. Und wenn es richtig super läuft und der Pilzgott es besonders gut mit den Suchenden meint – stellt er ihnen Steinpilze vor die Füße. Du hast mal gehört, dass Pilze mit einem Schwamm unter dem Hut einen nicht umbringen können. Also rein damit in den Korb. Eigentlich erkennst du auch Pfifferlinge und du würdest diesen Fund auch gerne mit nach Hause nehmen, denn was gibt es Besseres als gebratene Pfifferlinge zum Schnitzel? Aber es soll diesen tödlich giftigen Doppelgänger geben, dessen Gift innerhalb von zwei Wochen Leber und Nieren zerstört und man soll deshalb ja nur Pilze sammeln und essen, die man todsicher kennt. Oder? Richtig, aber das ist trotzdem kein Grund für immer und ewig bei Marone und Steinpilz zu bleiben.

Für alle, die im Herbst gerne Maronen und Steinpilze finden, habe ich zwei gute Nachrichten!

1. Es gibt noch mehr essbare Pilze in unseren Wäldern. Viel mehr!
2. Man kann das ganze Jahr über Speisepilze finden. Nicht nur im Herbst!

Ich bin zwar jung, aber meine Leidenschaft für Pilze ist mindestens so groß, wie der größte Pilz der Welt: Der Hallimasch wurde im Jahr 2000 in Oregon gefunden. Er soll ungefähr 400 Tonnen wiegen und erstreckt sich über eine Fläche von über einer halben Million nebeneinanderstehender Elefanten. Der Hallimasch gehört zu den Pilzarten, die im Dunkeln leuchten können und sein Name soll von seiner abführenden Wirkung kommen. Römer aßen Hallimasch nach üppigen Mahlzeiten und erfuhren dadurch eine Art Heil-im-Arsch. Die abführende Wirkung des Hallimasch lässt nach, wenn man den Pilz 15 Minuten in heißem Wasser kocht. Laut Biologen ist auch dieser Pilz mehr Tier als Pflanze. Zwar ist er wie Pflanzen sesshaft, wächst in Richtung von Ressourcen (Pflanzen: Licht, Pilze: Nährstoffe) und seine Zellen besitzen Zellwände wie die der Pflanzen, er betreibt aber keine Photosynthese, sondern ist wie Tiere auf organische Nährstoffe angewiesen. Außerdem ist einer der Bestandteile seiner Zellwände Chitin, das man auch in der äußeren Hülle von Insekten und Krebstieren findet. Aber ein Pilz ist natürlich ein Pilz und gehört somit in sein eigenes Reich, das Fungi-Reich. Das Reich der Pilze schätzen Mykologen auf zwei bis vier Millionen Arten, von denen natürlich nur ein Bruchteil erforscht ist. Nur etwa 150.000 Arten sind wissenschaftlich beschrieben.

Es gibt einzellige Pilze, wie die Backhefe und Vielzeller, ohne die es keinen Wein und kein Bier, keinen Hefeteig, keinen Käse, kein Penicillin und keine schimmeligen Wände gäbe. Ich könnte ein ganzes Buch nur über die gesunden Inhaltsstoffe von Pilzen schreiben – oder ein Buch nur über Hallimasch (essbar), über die faszinierende Welt der Pilze im Allgemeinen oder ein reines Pilzbestimmungsbuch, in dem ich unter anderem auf die Unterschiede zwischen einem Hallimasch und seinem klassischen Verwechslungspartner, dem Sparrigen Schüppling (ungenießbar), eingehe, dessen Schüppchen im Gegensatz zum Hallimasch nicht abwischbar sind. Mit diesem Buch möchte ich aber vor allem ein wenig von meiner ganz persönlichen Fungiwelt erzählen und die Lesenden dieses Buches ermutigen, ruhig mal einen Blick über den eigenen Pilzteller hinaus zu wagen.

JEDER PILZ IST ANDERS ODER: WARUM ICH PILZADDICTED BIN

Mit ungefähr sechs Jahren habe ich beschlossen, die Sache etwas professioneller anzugehen ☺. Als mir mein Vater im Wald damals einen Pilz zeigte, nannte ich ihm den lateinischen Namen. Ich kann mich nicht erinnern, wo ich den Namen aufgeschnappt habe, aber ich habe ihn auf jeden Fall nicht wieder vergessen können, weil die lateinischen Namen in meinen Kinderohren klangen wie Zaubersprüche – Fomitopsis pinicola oder Rotrandiger Baumschwamm. Ich fand Pilze also schon interessant, da konnte ich mich bei Regen fast noch unter einen Riesenschirmpilz hocken. Wenn es in den Wald ging, war ich aufgeregt wie an Ostern. Ich blätterte vorher Bücher durch, um herauszufinden, was ich wo zu der Jahreszeit finden konnte, und nach den Ausflügen blätterte ich die Pilzbibliothek meines Vaters erneut durch, um zu wissen, welche Schätze wir gefunden hatten. Mein Vater ging fast täglich mit mir in den Wald und zeigte mir, wie sich die Pilze unterscheiden, worauf ich achten muss, welcher Pilz welche Farbe hat oder welchen Geruch. Er kennt sich gut aus und kann viele Speisepilze bestimmen, aber mir reichte sein Wissen bald nicht mehr. Ich wollte so oft Pilze suchen, dass ich schon in der 1. Klasse das erste Mal allein loszog, wie andere Kinder zum Fußballtraining. Ich musste nur einen kleinen Hügel hoch. Dahinter lag der Wald, in dem ich mich schon so gut auskannte, dass sich meine Eltern keine Sorgen machen mussten. Ich ließ mich sowieso nicht aufhalten, auch nicht von den Jahreszeiten. Ich kannte mittlerweile genug

Pilze, um immer und überall welche zu finden. Auf einer meiner winterlichen Touren lernte ich meinen Pilzmentor Eckart Klett kennen. Da war ich 11 Jahre alt. Meine Oma und ich wollten gerade rein in den Wald, Eckart kam heraus. Verwundert steuerten wir aufeinander zu. Wer ist denn genauso verrückt wie ich und zieht mit einem Körbchen in den winterlichen Wald? Vor allem interessierte mich natürlich, was der andere Pilzverrückte wohl gefunden hatte. Neugierig schauten wir uns gegenseitig in die Körbe. Meiner war noch leer, aber Eckarts bereits voll. Er dachte natürlich, meine Oma sei seine Seelenverwandte, aber sie klärte ihn gleich auf: „Nein, nein, wir sind seinetwegen hier unterwegs. Mein Enkel kennt jeden Pilz."

Das wollte Eckart nicht so ohne Weiteres glauben und hob ein kleines Exemplar aus seinem Korb, bei dem er sich selbst nicht sicher war. „Winterhelmling", sagte ich. Und falls Eckart den Ernst der Lage nicht verstand, fügte ich noch den Zauberspruch hinzu: „Mycena tintinnabulum!"

„Können Sie ihn nicht mal mitnehmen?", fragte meine Oma stolz. Eckart gab ihr seine Visitenkarte. Er dachte, er würde mich nie wieder sehen, aber die Chance ließ ich mir natürlich nicht entgehen und stand im darauffolgenden Herbst hochmotiviert vor seiner Tür. Wir zogen zusammen los. Eckart plante eine Ausstellung und brauchte Pilze. Bei unserer ersten gemeinsamen Exkursion fanden wir 74 verschiedene Arten. Ich konnte 72 Funde direkt im Wald bestimmen. Eckart schaute zur Sicherheit ins Buch. Seitdem haben wir viele Ausstellungen zusammen gemacht, Pilzführungen und Vorträge gehalten. Eckart hat mich auf dem Weg zum Pilzsachverständigen immer begleitet. Ich habe viel von ihm gelernt, aber er auch von mir.

Meine Hobbys Snooker, Fußball und Mykologie sind hin und wieder erklärungsbedürftig, habe ich gemerkt, nur wenige meiner Mitschüler konnten damit etwas anfangen. Ich sei doch viel zu jung für ein Hobby wie Pilze. Aber ich konnte nie verstehen, wie man sich in meinem Alter nicht für Pilze interessieren kann. Pilze sind so eine spannende und riesengroße Welt und zu über 90 Prozent noch nicht erforscht. Es gibt so viele Geheimnisse zu entdecken in der Fungi-Welt. Pilze machen lauter komische Sachen; leuchten, stinken, Tiere fressen und Menschen heilen. Sie haben lustige Namen, verpuffen, schmecken, halten die ganze Natur am Laufen. Und wer sich nicht spätestens vom Zombie-Pilz mit dem Pilzvirus infizieren lässt, dem ist nicht mehr zu helfen. Der Ophiocordyceps unilateralis befällt Insekten, vorwiegend Ameisen. Er dringt dann in ihr Gehirn ein und kann von dort aus ihr Verhalten kontrollieren. Zuerst lebt das Tier noch, wird aber vom Pilz an einen Ort gesteuert, wo er sich unter optimalen Bedingungen weiterverbreiten kann. Dort stirbt die Ameise und der Pilz wächst ihr aus dem Kopf heraus, um seine Sporen zu verteilen. Und wer sich nicht für Zombies interessiert, findet vielleicht Tintenfische interessant. Der Tintenfischpilz hat ein unverwechselbares Erscheinungsbild: Zunächst wächst er als kugelförmiges „Hexenei", aus dem später mehrere leuchtend rote, fingerartige Arme herausbrechen. Diese erinnern an die Tentakel eines Tintenfisches. Auf den Armen befindet sich eine braun-schwarze, schleimige Masse, die einen intensiven Geruch nach Aas verströmt. Dieser unangenehme Geruch lockt Insekten an, die die Sporen des Pilzes weiterverbreiten. Der Clathrus archeri war ursprünglich in Australien, Tasmanien und Neuseeland beheimatet. Zu Beginn des 20. Jahrhunderts wurde er vermutlich durch Woll- oder Militärexporte nach Europa eingeschleppt. Er ist zwar kein Speisepilz, aber für Menschen auch nicht giftig – die meisten würden ihn wegen seines Geruchs sowieso nicht essen wollen.

Auch kein Interesse an Tintenfischen? Dann vielleicht am Malen? Da empfehle ich den Flachen Lackporling. Er wächst seitlich an Bäumen als Konsole, wie ein halbes UFO sieht er aus, seine Unterseite ist weiß. Er ist ungenießbar, aber nicht unbrauchbar. Man kann die Unterseite nämlich mit dem Pilzmesser oder einem spitzen Stock einritzen und auf diese Weise Geheimbotschaften oder kleine Bilder darauf malen, darum heißt er auch Malerpilz.

Und im allergrößten Zweifel bleibt immer noch der Wald als starkes Argument fürs Pilzesuchen. Gegen Ruhe und frische Luft kann nun wirklich niemand etwas haben! Ich liebe den Geruch, das Licht, die verschiedenen Farben und das Rascheln von Tieren und kann mir selbst nichts Schöneres und Entspannteres vorstellen, als im Wald zu sein. Und warum ich mich im Wald so wohlfühle, ist mittlerweile sogar wissenschaftlich belegt. Das parasympathische Nervensystem, das für Entspannung und Erholung zuständig ist, wird im Wald schon nach wenigen Minuten aktiviert. Herzschlag und Atmung werden ruhiger, der Körper kann besser regenerieren. Ein Waldspaziergang senkt die Konzentration des Hauptstresshormons Cortisol im Blut. Gleichzeitig wird die Produktion von Serotonin hochgefahren, einem Neurotransmitter für Glück und Zufriedenheit. Das Licht und die Geräusche des Waldes bekämpfen depressive Verstimmungen. Obendrauf geben Bäume und Pflanzen auch noch aromatische Moleküle in die Luft ab, sogenannte Terpene. Das Einatmen dieser Teilchen kann das Immunsystem stärken, den Blutdruck senken und die Produktion von Gamma-Aminobuttersäure fördern, die ebenfalls beruhigend auf das Nervensystem wirkt. Das Gehirn wird während eines Waldaufenthaltes von der ständigen Reizüberflutung entlastet und schafft Platz für freies Denken. Das löst mentale Blockaden und steigert die Kreativität.

Ich mag am Pilzesammeln, dass ich dabei so unglaublich fokussiert sein kann, wie in einem Tunnel, ich lasse mich dabei nicht so leicht von anderen Gedanken ablenken. Die Leute sagen mir zwar ständig, wie entspannt ich bin, aber auch bei mir wäre es spätestens mit der Ruhe vorbei, wenn ich zum Beispiel mal einen Ölbaumpilz finden würde. Er ist biolumiszent, das heißt, er leuchtet im Dunkeln grün. Er soll schon mal in Sachsen gefunden worden sein, aber ich glaube eher, dass ihn jemand mit Pfifferlingen verwechselt hat. Igel-Stachelbart und Kaiserling würden mich auch völlig aus der Fassung bringen, sollte mir mal einer im Weg stehen. Letzterer gehört in die Gattung der Knollenblätterpilze, hat aber einen kupferfarbenen Hut und gelbe Velumreste. Der ist wunderschön und soll ganz toll schmecken. Er wächst aber eher in Südeuropa, dringt jedoch immer weiter nach Norden vor.

Doch selbst vor der eigenen Tür kann man immer wieder Raritäten und Neuheiten entdecken, auch wenn man schon so viele Pilze kennt wie ich. Im März 2023 kam spontan mein Pilzfreund Enno aus Pulsnitz zu Besuch. Er musste auf mich warten, weil ich noch in der Schule war, und hat auf dem Friedhof, neben dem ich wohne, den Rosa Stielchenbecherling gefunden. Er wächst auf Magerrasen, zusammen mit dem Purpurstieligen Hornzahnmoos, und wird nur millimetergroß, eine Pilzart, die in ganz Deutschland nur ca. 40-mal kartiert worden ist. Sein wissenschaftlicher Name ist Roseodiscus formosus. Gibt man den deutschen Namen auf Google ein, landet man nur bei rosa Plastikbechern auf Amazon.

Jeder dieser Funde wäre ein wahrer Schatz. Deshalb ist es für mich jedes Mal wieder sowohl eine entspannende Routine als auch eine aufregende Schatzsuche, in den Wald zu gehen.

ALLES UNTER EINEM HUT ODER: WAS PILZE DEN GANZEN LIEBEN TAG LANG MACHEN

Es ist kaum zu glauben, was so alles unter einem Pilzhut passiert. Am Ende sind Pilze nämlich auch nur Lebewesen wie du und ich, die sich unterhalten, Sex haben, essen, ihren Job erledigen und versuchen, so lang es geht zu überleben.

Wie Pilze kommunizieren:

Pilze unterhalten sich gerne über das WWW, das sogenannte Wood Wide Web, ein Netzwerk aus vielen dünnen Fäden, über die die Pilze unterirdisch miteinander verbunden sind. Über diese Leitungen, im Fachjargon Hyphen genannt, geben sie chemische Signale und elektrische Impulse weiter. Wissenschaftler haben herausgefunden, dass diese elektrischen Impulse ähnliche Muster wie die menschliche Sprache aufweisen und einige Pilze somit einen Wortschatz von bis zu 50 Wörtern haben sollen. Damit erzählen sie sich gegenseitig von ihren Sorgen und Nöten. Es werden Warnungen rausgegeben und Probleme gemeinsam angegangen. Bei Hunger hilft man sich zum Beispiel mit Nährstoffen und Wasser aus. Und bei einer stressigen Bedrohungslage, wie einem Schädlingsbefall, können bestimmte Chemikalien freigesetzt werden, die die Schädlinge bekämpfen.

Manchmal nehmen Pilze auch Kontakt zu anderen Pflanzenwurzeln auf, um sich mit ihnen auszutauschen. Im besten Fall geben dann die Fichte, der Heidelbeerstrauch oder das Wildkraut ein paar mittels Photosynthese produzierte Kohlenhydrate, also Zucker, an die Pilze ab. Im Gegenzug gibt es von den Pilzen Phosphor, Stickstoff und Wasser zurück. Diese Symbiose sorgt für ökologische Stabilität. Man nennt sie Mykorrhiza. Ob Pilze dieses Wort in ihrem Wortschatz haben, ist noch ungeklärt, aber dass die Kommunikation unter Pilzen super funktioniert, zeigt ihre Fähigkeit, diese komplexen ökologischen Netzwerke zu kreieren und am Laufen zu halten oder anders gesagt: Das Wood Wide Web ist das, was die Welt im Innersten zusammenhält. Gruß geht raus an meine Biologielehrerin und meinen Deutschlehrer.

Wie Pilze essen:

Wie alle Lebewesen müssen Pilze natürlich auch mal was essen, um gut zu gedeihen. Aber weil sie ja keine Pflanzen sind, und somit keine Photosynthese betreiben, können sie ihre Nährstoffe nicht selbst herstellen. Und weil sie wiederum auch keine Tiere sind, haben sie keine Münder, Mägen, Därme und was sonst noch so zu Verdauungsapparaten dazugehört. Das scheint den Pilzen alles viel zu aufwendig und kompliziert. So essen sie einfach mit ihrem ganzen Sein und erledigen die Sache mit der Verdauung bereits außerhalb ihres Körpers. Dazu geben sie Enzyme ab, ein bisschen Spucke sozusagen, die die Nahrung bereits auf dem Pilzkörper so weit zersetzt, dass die Nährstoffe anschließend einfach eingesogen werden können. Die meisten Pilze essen, was sie in ihrer unmittelbaren Umgebung finden, haben dabei aber bezüglich der Umgebung ihre Vorlieben; von Laub bis Kraut, von Birke bis tote Maus von Käse bis Fuß. Es gibt kaum einen Ort auf der Welt, der nicht von Pilzen bewohnt wird. Daraus ergeben sich wiederum auch die unterschiedlichen Ernährungsweisen, von vegan bis paleo, und die Art der Nahrungsbeschaffung. Es gibt Pilze, die Holz und Laub zersetzen, aber auch Fleischfresser wie Austernseitlinge, die kleine Tiere wie Fadenwürmer mit Fangnetzen oder klebrigem Speichel jagen, um sich anschließend daran satt zu futtern. Und dann gibt es Pilze, wie zum Beispiel Steinpilze, die leben symbiotisch in einem friedlichen Nährstoffhandel mit anderen Pflanzen. Wieder andere Pilze handeln gar nicht erst, sondern klauen sich einfach, was sie brauchen. Das heißt, sie ernähren sich parasitär von lebenden Organismen, wie zum Beispiel der Fußpilz. Der Trichophyton rubrum ist der häufigste Fußpilzerreger weltweit. Ihm schmeckt Keratin ziemlich gut, ein Protein, das in den unseren äußeren Hautschichten, Nägeln und Haaren vorkommt.

Ob als Zersetzer, Symbionten oder Parasiten sorgen Pilze, im Gegensatz zu uns Menschen, aber nicht nur für das Überleben ihrer eigenen Spezies. Mit ihrer vielfältigen Ernährungsweise erhalten sie auch das Gleichgewicht in unseren Ökosystemen und den natürlichen Nährstoffkreislauf aufrecht. Denn was oben reingeht, kommt ja unten wieder raus.

Wie sich Pilze fortpflanzen:

Haben Pilze Sex? Ja, manche. Andere nicht. Jede Pilzgruppe hat ihre eigene Variante der Fortpflanzung. Pilze können sich sowohl geschlechtlich als auch ungeschlechtlich fortpflanzen. Nehmen wir zum Beispiel einen Ständerpilz, einen Ständerpilz mit Hut, den Fliegenpilz. Treffen sich unterirdisch zwei Pilzfäden von Fliegenpilzen und finden Gefallen aneinander, so vereinen sie sich und bilden einen gemeinsamen Pilzfaden aus. Dabei bleiben aber beide Zellkerne erhalten. So wächst der Faden aus Zellen mit doppelten Zellkernen, bis nach und nach das gesamte Myzel ersetzt ist. Bei entsprechender Witterung sprießen nun die Fruchtkörper aus dem Boden, die Pilze. Dann erst vereinen sich die beiden Zellkerne, je nach Pilzgruppe in unterschiedlichen Fortpflanzungsstrukturen, bei Ständerpilzen häufig an der Hutunterseite. Diese Zellen enthalten jetzt das genetische Material beider Elternteile. Die Fruchtkörper bilden daraufhin Sporen, die, wie Samen, in großer Zahl von Wind und Wetter in die Welt getragen werden. Mit einer großen Zahl von Sporen meine ich nicht drei Milliarden, die zum Beispiel ein Champignon ausstößt, sondern eine noch viel größere Anzahl. Der Fliegenpilz gibt phasenweise etwa 100.000 Sporen pro Sekunde ab. Und manche Pilze meinen es so ernst mit ihrer Fortpflanzung, dass sie pro Tag über eine Billion Sporen verschießen. Gefällt den Sporen der Ort, an dem sie gelandet sind, beginnt der Pilz dort zu wachsen und der Zyklus beginnt von vorn. Das wäre die sexuelle Variante der Fortpflanzung, die für genetische Vielfalt sorgt. Durch Mitose, also Zellteilung, können Pilze aber auch asexuell neue Sporen bilden, um sie anschließend in den Wind zu schießen. Ebenso können sie sich klonen, indem sie knospen oder einfach einen Teil von sich abspalten.

Bei diesen variantenreichen Fähigkeiten sich fortzupflanzen scheint eines sicher zu sein: Wenn irgendwas zuletzt ausstirbt, dann sind es die Pilze.

Was Pilze für Jobs machen:

Pilze haben die vielfältigsten Jobs. Sie arbeiten unter anderem als Zersetzer, Symbionten, Mediziner, Architekten, Modedesigner, Biotechnologen, Sattmacher, Nährstofflieferanten, Umweltwarner, Geschichtenschreiber und vieles mehr.

Als Zersetzer arbeiten sie dafür, dass Nährstoffe aus totem Material wieder in den Kreislauf zurückkehren. Ohne sie würde unsere Erde schnell im Laub und Holz versinken. Pilze, die in symbiotischer Gemeinschaft mit Pflanzen leben, verbessern das Wachstum ihrer Partnerpflanzen und stärken ganze Wälder und Felder. Ohne Pilze gäbe es überhaupt gar keine Wälder. Pilze arbeiten auch als Umwelt-Checker. Ihre Empfindlichkeit gegenüber Umweltveränderungen machen sie zu wichtigen Indikatoren für die Gesundheit eines Lebensraumes. Auch in der Medizin und Biotechnologie spielen sie eine Rolle. Wie anfangs bereits erwähnt, gäbe es ohne Pilze zum Beispiel kein Antibiotikum und keine Hefe für Bier und Brot. Und selbst in die Bau- und Modebranche haben Pilze inzwischen Einzug gehalten – von Pilzleder für nachhaltige Kleidung bis biologisch abbaubare Ziegelsteine ist bereits alles auf dem Markt. Dem Bauen mit Pilzen gehört die Zukunft. Mithilfe des Pilzmyzels können dreidimensionale Verbundstoffe erzeugt werden, sogenannte Bio-Bricks. Damit lassen sich Möbel anfertigen, Dämmmaterialien herstellen und Gebäude erschaffen, die genauso stabil sind, als wären sie aus Beton. Und das Beste daran: Die Baustoffe aus Pilzen sind kompostierbar. Nicht zu vergessen, machen uns viele Pilze satt und zufrieden, sie versorgen uns mit den allerwichtigsten Nährstoffen. Was wäre denn die Welt ohne Steinpilze und Trüffel? Und Penicillin? Und Bier? Selbst den Weltenlauf können Pilze beeinflussen. So sagte einst Voltaire: „Dieses Pilzgericht hat das Schicksal Europas verändert", nachdem Karl VI. an einer Pilzvergiftung gestorben sein soll, was zum Österreichischen Erbfolgekrieg führte.

Wie Pilze überleben:

Pilze sind in der Lage, in extremen Lebensräumen wie heißen Quellen, tiefen Meeren, in arktischen Regionen oder sogar im Weltall zu überleben, indem sie spezielle Enzyme produzieren, die ihnen helfen, sich an ihre Umgebung anzupassen. Sie sind Überlebenskünstler, die immer wieder einen Weg finden, munter weiter zu existieren. Weil Pilze flexibel, effizient und resistent sind. Ein Beispiel dafür ist Cladosporium sphaerospermum aus der Gattung der Schimmelpilze. Dieser Pilz kann in stark radioaktiven Umgebungen wachsen und leben, weil er in der Lage ist, die radioaktive Strahlung als Energiequelle zu nutzen (flexibel). Trotz dieser extremen Strahlung in einer sehr nährstoffarmen Umgebung mit hohen Temperaturen bleibt sein Wachstum stabil, seine Zellwände schützen ihn vor DNA-Schäden (widerstandsfähig). Aber selbst dort ist der Pilz nicht einfach nur mit Überleben beschäftigt, sondern recycelt nebenbei auch noch weiter organisches Material, um das Ökosystem wieder ins Gleichgewicht zu bringen (effizient).

MIT ALLEN SINNEN: PILZBESTIMMUNG

Ich glaube, dass es vielen Menschen schwerfällt, sich auf ihre Sinne zu verlassen. Sie haben es verlernt oder vielleicht noch nicht einmal gelernt, ihren Augen, der Nase und ihrer Zunge zu vertrauen. Beim Pilzesammeln kommt erschwerend hinzu, dass Kindern oft von klein auf eingetrichtert wird, dass Pilze gefährlich sind – zur Sicherheit und wegen der Einfachheit gilt das dann gleich für alle Pilze. Eine gewisse Vorsicht ist natürlich berechtigt. Kleinkinder sollen sich ja nicht gleich alles in den Mund stecken, aber schöner, angemessener und auch sinnvoller wäre, sie lernen, worauf man beim Pilzesammeln achten muss. Und das ist nicht immer die knallige Warnfarbe oder ein gefährlich klingender Name wie Hexenröhrling. Manchmal haben Pilze nämlich Spaß daran, Pilzsammlerinnen und Pilzsammler zu verunsichern. Mich wundert bei all der Angst und Vorsicht vor Pilzen die sorglose Nutzung von Pilzbestimmungs-Apps. Immer mehr Leute halten einfach ihr Smartphone auf Dinge, die sie nicht kennen, damit es ihnen sagt, welcher Baum das ist, welcher Vogel, wo es langgeht und ob sie diesen oder jenen Pilz essen können oder daran sterben werden. Das wirklich Blöde an Pilzbestimmungs-Apps ist, dass sie keine Nasen haben und Handybildschirme Pilze auch nicht farbneutral darstellen können. Ich habe mit einer App drei Mal den gleichen Pilz fotografiert und dreimal einen anderen Pilznamen genannt bekommen. Die menschlichen Sinne kann eine App einfach nicht ersetzen. Man kann sie natürlich zur

Unterstützung nutzen, darf sich aber keinesfalls auf sie verlassen. Mir schicken sehr oft Leute Fotos von ihren Pilzfunden und wollen wissen, ob sie sie essen können. Aber weil ich auch keine App bin, muss ich Pilze live sehen, anfassen und riechen. Essensfreigaben kann und darf ich über meine Social-Media-Kanäle nicht geben. Ich kann nur Vermutungen äußern.

Es gibt Pilze, die unterscheiden sich vom Erscheinungsbild so gut wie gar nicht voneinander, nur ganz leicht in ihrem Geruch. Andere Pilze kann man sogar nur anhand mikroskopisch kleiner Merkmale voneinander unterscheiden.

Wie geht man also bei der Bestimmung vor? Zuerst einmal nehmen wir den Pilz aus dem Boden. Bei der Bestimmung eines Pilzes ist es sehr wichtig, den gesamten Pilz zu entnehmen, weil die Stielbasis oft wichtige Merkmale aufweist. Beim Entnehmen spüren wir schon die Festigkeit des Pilzes. Ist er fest, lapprig, faserig? Bricht oder zersplittert er? Was passiert, wenn wir über die Lamellen streichen. Bei den meisten Täublingsarten zum Beispiel brechen sie wie Styropor.

Dann brauchen wir unsere Augen, um den Pilz einer Gruppe zuzuordnen. Ist es ein Pilz mit Hut und Stiel oder ist es nur eine Art Fläche mit Ober- und Unterseite? Wie ist die Hutform? Eher wie eine kleine Schüssel oder eiförmig? Glockig, flach oder trichterförmig?

Bei Pilzen mit Hut und Stiel unterscheidet man vier Gruppen. Es gibt die Lamellen-, Röhren-, Stoppel- und Leistenpilze. Am meisten Vorsicht ist bei Lamellenpilzen geboten, denn hier ist die Artenvielfalt am größten und von essbar bis tödlich alles dabei. Am wenigsten falsch machen kann man es bei den Röhrlingen. Das sind die bekannten Einsteigerpilze mit dem „Schwamm" unten dran. Da gibt es nur drei, vier leicht giftige Arten, die allerhöchstens Bauchschmerzen und Durchfall auslösen.

Als Nächstes kommt es darauf an, ob der Stiel an der Basis eine Knolle, eine Verdickung oder Verfärbungen aufweist. Gibt es eine Manschette oder einen Ring? Kann man den Ring verschieben oder nicht? Lässt sich ein Ring am Stiel nicht verschieben, lässt man besser die Finger von dem vermeintlichen Parasol. Dann ist es nämlich keiner.

Und wie stehen die Lamellen zum Stiel? Sind sie am Stiel direkt angewachsen oder freistehend, machen sie einen kleinen Bogen? Gibt es Zwischenlamellen? Welche Bäume stehen in unmittelbarer Nähe?

Jetzt die Nase. Wichtig ist, dass wir sie an den Pilz auch richtig dranhalten. Ich sehe immer wieder, wie die Leute den Pilz 30 Zentimeter von sich entfernt halten und zweimal die Nase hochziehen. „Riecht nach Pilz!“, stellen sie fest. Aber riecht man direkt an der Fruchtschicht, kann man je nach Pilz oft sehr verschiedene Gerüche feststellen.

Ein gelber Knollenblätterpilz riecht intensiv nach Kartoffeln, Giftchampignons nach Arznei und Mehlräslinge nach frischer Gurke.

Um den Geschmack zu testen, beißt man ein Stück vom Pilz ab, schluckt es aber natürlich nicht runter. Wie schmeckt der Pilz? Bitter, scharf oder mild? Bei den Täublingen kann man so herausfinden, ob der Pilz essbar ist. Zum Beispiel ist kein mild schmeckender Täubling giftig. Ein Geschmackstest ist auf jeden Fall nur etwas für fortgeschrittene Pilzsammler und -sammlerinnen und empfiehlt sich hauptsächlich für die Familie der Sprödblättler. Wer diese Familienmitglieder nicht eindeutig erkennen kann, sollte nicht von einem rohen Pilz im Wald abbeißen.

Eine andere Methode zur Pilzbestimmung ist der Sporenabdruck. Gerade wenn die Pilze in Gruppen stehen, lohnt es sich, ein älteres Exemplar mitzunehmen und zu Hause mit der Unterseite nach unten auf ein weißes oder schwarzes Blatt Papier zu legen. Nach circa einem Tag hat man den Sporenabdruck und kann anhand der Farbe des Sporenpulvers verschiedene Gattungen ausschließen.

Leuten, die mit dem Pilzesammeln beginnen wollen, rate ich, eine Pilzausstellung, ein Pilzmuseum oder Pilzwanderungen zu besuchen. Viele von uns Pilzsachverständigen bieten so etwas an. Wenn man dann die verschiedenen Pilze nebeneinander sieht und Merkmale miteinander direkt vergleichen kann, lernt man viel schneller, worauf man achten muss. Das ist wie bei einer Whiskyverkostung. Wenn man immer mal einen trinkt, schmeckt der eben nach Whisky, aber probiert man im direkten Vergleich, fallen einem die Unterschiede viel deutlicher auf. Am wichtigsten ist meiner Meinung nach, sich besonders mit den Verwechslungspartnern der Pilze, die man sammeln möchte, vertraut zu machen. Die wichtigsten Giftpilze zu kennen, schützt am allerbesten davor, sie sich aus Versehen in die Pfanne zu hauen.

Wenn man sich in einem Buch, in Apps oder anderweitig über Pilze informieren möchte, sollte man beachten, dass es keine offiziellen Namen für Pilze gibt und sie regional sehr unterschiedlich sein können. Manche Pilze sind unter fünfzehn verschiedenen Namen bekannt. Es gibt den Spruch: Deutsche Pilznamen ändern sich von Ort zu Ort. Und wissenschaftliche Pilznamen von Tag zu Tag. So ist zum Beispiel der Pfifferling auch als Eierschwamm, Gelberle, Rehling, Dotterpilz oder Goldhähnchen bekannt. Und der Hallimasch als Honigpilz, Wurzelschwamm oder Baumwürger. Und manchmal werden Pilze auch umbenannt, so wie kürzlich aus dem Mohrenkopfmilchling der Schwarzkopfmilchling wurde.

Pilze richtig zu bestimmen, ist gar nicht so einfach – deshalb gibt es in jedem Pilzführer eine einheitliche Fachsprache, die sich bewährt hat. Eines der wichtigsten Merkmale ist die Konsistenz des Stiels: Manche Pilze haben einen festen, massiven Stiel, wie die Dickröhrlinge, während andere, wie der Schopftintling, hohl oder weich sind. Einige Stiele fühlen sich sogar wattig oder schwammig an, oft ein Zeichen für ältere oder besondere Arten. Auch die Lamellen sagen viel über einen Pilz aus: Sie können spröde und brüchig sein (wie bei vielen Täublingen), elastisch und biegsam oder sogar wachsartig, wie bei einigen Saftlingen.

Die Form des Fruchtkörpers ist ebenfalls ein entscheidendes Kriterium. Die bekannteste Pilzform ist der klassische Hutpilz mit Stiel, wie beim Champignon oder Steinpilz. Doch es gibt auch Baumpilze, sogenannte Porlinge, die meist als dicke, feste Konsolen an Holz wachsen. Einige Pilze, wie Morcheln, haben wabenartige Köpfe, während Trüffel ganz ohne Hut und Stiel auskommen und unter der Erde wachsen. Auch die Struktur der Unterseite des Hutes variiert: Während Champignons Lamellen haben, besitzen Röhrlinge schwammartige Röhren, die sich oft beim Anschnitt verfärben. Manche Pilze, wie der Pfifferling, haben stattdessen herablaufende Leisten, und Baumpilze geben ihre Sporen durch feine Poren ab.

Ein weiteres wichtiges Merkmal ist der Stiel selbst. Manche Pilze haben eine Manschette oder einen Schleierrest, andere eine knollige Basis oder sogar eine scheidenartige Hülle, wie es typisch für Wulstlinge und Knollenblätterpilze ist. Hier gilt eine einfache Faustregel: Wer eine solche Scheide an der Stielbasis entdeckt, sollte äußerst vorsichtig sein.

Neben der Optik spielen auch Geruch und Geschmack eine große Rolle. Manche Pilze verströmen auffällige Düfte – vom mehlartigen Geruch des Mehlräslings über den Orangenblütenduft des Semmelstoppelpilzes bis hin zum unangenehmen Uringeruch des Unverschämten Ritterlings. Manche Pilze riechen erst intensiv, wenn man sie zwischen den Fingern zerreibt, wie der Echte Knoblauchschwindling. Beim Geschmack ist Vorsicht geboten: Viele Pilze sind roh giftig, sodass eine Geschmacksprobe nur nach bestimmten Regeln erfolgen darf. Täublinge lassen sich so gut unterscheiden – alle mild schmeckenden Arten sind essbar, während scharfe oder bittere ungenießbar bis giftig sind.

Schließlich liefert auch die Sporenfarbe wertvolle Hinweise, die durch den schon erwähnten Sporenabdruck ermittelt wird. Je nach Art sind die Sporen weiß, rosa, braun oder sogar schwarz. Unter dem Mikroskop lassen sich außerdem Form und Struktur der Sporen bestimmen, was für Expertinnen und Experten ein weiteres Unterscheidungskriterium ist.

All diese Merkmale sorgen dafür, dass sich Pilze weltweit nach einheitlichen Standards bestimmen lassen – eine klare, verständliche Systematik, die das Sammeln sicherer macht und Verwechslungen minimiert. Deshalb wundert euch nicht, dass ich für die einzelnen Jahreszeiten nicht nur Steckbriefe essbarer Pilze vorbereitet habe, sondern auch viele Steckbriefe, die dir einen giftigen Pilz zeigen. Je besser du diese nämlich kennst, desto geringer die Gefahr der Verwechslung!

FRÜHJAHR

DAS ERSTE GLÜCK

Dass man Speisepilze nur im Herbst findet, ist ein großer Irrglaube. Man findet zu jeder Jahreszeit bestimmte Pilzarten, auch essbare. Wer nur im Herbst Pilze sammelt, der verpasst die herrlichen Winterpilze, die niedrige Temperaturen brauchen, um mit dem Wachstum loszulegen, der verpasst im Frühjahr die Morcheln, denen geschmacklich kein anderer Pilz etwas vormacht, und der verpasst im Sommer die ersten Sommer-Steinpilze, die man noch fast ganz für sich allein hat, bevor die große Schlacht um die Steinpilze im Herbst beginnt. Wer nur im Herbst Pilze sammelt, der geht vielleicht auch nur im Herbst in den Wald und das wäre das größte Versäumnis an der ganzen Sache. Jede Jahreszeit hat ihre Schönheiten, Farben, Geheimnisse und ihre Pilze. Wo könnte sich all das besser zeigen als in den Wäldern, die der Frühling zartgrün und der Herbst bunt macht, wo der Sommer kühle Frische schenkt und der Winter Stille. Fangen wir einfach mit dem Frühjahr an, eine wirklich tolle Pilzzeit.

Nach der Schneeschmelze im Februar und März geht es zuerst in den Fichtenwald, auf der Suche nach kleinen Pilzen auf Zapfen, sogenannten Fichtenzapfenrüblingen, dann geht es in die Vorgärten und auf die Lidl-Parkplätze, auf deren Rindenmulch feinste Spitzmorcheln wachsen. Später im Frühjahr geht der Pilzsammler vor allem in Laubwälder mit Totholz, schaut sich aber auch auf Streuobstwiesen und in Parks um. Das Beste an dieser Jahreszeit sind natürlich die

Morcheln, Spitz- und Speisemorchel, geschmacklich auf jeden Fall ein Jahres-Highlight. Auch abgesehen von diesen beiden Delikatessen spricht einiges für die erste Hälfte des Jahres. Alles beginnt. Der Wald ist zartgrün und lässt noch viel Licht durch die wenig beblätterten Baumkronen. Die Sonne gibt sich schon Mühe mit dem Warmwerden und Vögel pfeifen ihre ersten Lieder. Das klingt kitschig – und das ist es auch, aber schön. Ich mag es, so ungestört nach den Frühjahrspilzen Ausschau zu halten, während die Natur langsam wieder aufwacht und loslegt, den Waldboden mit Buschwindwindröschen und Schlüsselblumen bedeckt. Und weil es viel weniger Pilzarten gibt als zur Hauptsaison, ist die Freude über Funde natürlich dementsprechend höher. Oft handelt es sich im Frühjahr um Zufallsfunde. Im Gegensatz zu anderen Jahreszeiten kann man nicht seine gewohnten Austernseitling-, Steinpilz-, Samtfußrübling- oder Pfifferlings-Fundorte abklappern. Höchstens kann man sich im späten Frühjahr, zumindest in Dresden, darauf verlassen, dass auf den Grünstreifen der Straßenbahngleise feinste Wiesenchampignons wachsen. Essen will ich sie allerdings nicht.

SCHUPPIGER PORLING

(Polyporus squamosus)

Der Schuppige Porling wächst hoch oben an Baumstämmen oder in der Krone von Laubbäumen. Jung ist er essbar. Wegen seines recht milden bis fast neutralen Geschmacks und seiner leicht gummiartigen Textur, wird er aber nicht so häufig gegessen. Dafür ist er wegen seiner Größe bei Pilzausstellungen ein gern gesehenes Exemplar. Und auch in der Talkshow Riverboat saß schon mal einer vor Publikum – mit mir. Vor der Sendung, in die ich eingeladen war, hatte ich Lust, noch mal in den Pulsnitzer Park zu gehen, weil ich da immer etwas finde. So kam es, dass der Porling mit mir im Fernsehen saß. **➔ S. 89**

Hut: Hellbraun, gelblich bis ockerfarben, mit auffälligen, dunkelbraunen, schuppenartigen Flecken, Rand eingerollt; Durchmesser bis zu 40 cm.
Lamellen: Kleine, runde Poren, durch die die Sporen freigesetzt werden.
Stiel: kurz, kräftig, seitlich am Hut angesetzt, dunkelbraun bis schwarz.
Fleisch: zäh und gummiartig, mit zunehmendem Alter holzig.
Geruch: frisch aufgeschnittene Gurke, mehlig.
Wo: Der Schuppige Porling wächst bevorzugt an geschwächten oder toten Laubbäumen, besonders Eschen, Bergahorn oder Buchen. Er ist oft in Parks, Gärten oder Waldrändern zu finden.

MAIPILZ

(Calocybe gambosa)

Wenn der Frühling zu trocken und heiß ist, können Maipilze nicht wachsen. Bei ihm angenehmer Witterung kommt er auch schon mal als Massenpilz vor, vor allem auf Wiesen. Man kann mithilfe von Google Earth nach Maipilzstellen suchen, denn das Myzel dieses Pilzes erzeugt oft dunkelgrüne Kreise (Hexenringe) im Gras, die aus der Luft sichtbar sind. Ich habe drei Jahre nach solchen Stellen gesucht, bis ich endlich welche gefunden habe. Maipilze haben einen ganz mehligen Geruch, was sie von ihrem tödlichen Verwechslungspartner, dem Ziegelroten Risspilz, unterscheidet. Sein anderer giftiger Verwechslungspartner, der Riesenrötling, riecht allerdings auch etwas nach Mehl, wächst aber erst ab August. Zur Sicherheit kann man den Sporentest machen. Dazu einen Pilz einfach über Nacht liegen lassen. Der Riesenrötling hat rötliche Sporen, der Ziegelrote Risspilz bräunliche und der Maipilz weiße. Maipilze gelten mit ihrem nussigen, etwas mehligen Geschmack als sehr gute Speisepilze. Ich kenne aber auch Pilzfreunde, die ihn gar nicht mögen. → **S. 89**

Hut: Weiß bis cremefarben, oft leicht gewölbt; Durchmesser 4 bis 10 cm.

Lamellen: Cremeweiß, später gelblich, dicht stehend, frei oder leicht am Stiel angewachsen.

Stiel: kurz, kräftig, zylindrisch, meist ebenfalls cremefarben.

Geruch: intensiv mehlartig, nach frisch aufgeschnittener Gurke.

Wo: Der Maipilz wächst häufig auf Wiesen, Weiden und lichten Waldrändern, oft in Gruppen oder Hexenringen. Besonders nährstoffreiche Böden fördern sein Wachstum. Die unterirdischen Myzelien können dunkelgrüne Kreise im Gras bilden, die auf Satellitenbildern gut zu erkennen sind.

ZIEGELROTER RISSPILZ

(Inocybe erubescens)

Ich habe diesen Pilz erst einmal gefunden und das ist auch schon ein paar Jahre her. Da war ich mit meinem Vater im Wald unterwegs. Es war ein kleiner Fruchtkörper unter einer Eiche, sogar eine Stelle, an der Maipilze wuchsen. Das macht die ganze Sache noch ein bisschen bedrohlicher. Der Ziegelrote Risspilz ist der Verwechslungspartner Nummer 1 des beliebten Maipilzes. Vor allem jung, wenn der Risspilz noch weißlich ist, bevor er bräunlich-rot wird, kann er mit dem Maipilz verwechselt werden. Er enthält das gefährliche Gift Muscarin, und zwar in viel höherer Potenz als es im Fliegenpilz vorkommt. 40 bis 50 Gramm vom Ziegelroten Risspilz entsprechend etwa 500 Milligramm Muscarin, was völlig ausreicht, um einen Erwachsenen mit durchschnittlichem Körpergewicht tödlich zu vergiften. ➔ **S. 89**

Hut: ziegelrot bis orangebraun, mit rissiger Oberfläche.
Lamellen: Dichtstehend, färben sich mit dem Alter rötlich bis bräunlich.
Stiel: weißlich bis hellbräunlich, glatt, oft leicht faserig.
Fleisch: weiß, rötet bei Verletzung.
Geruch: etwas spermatisch bis obstartig.
Wo: Laubwälder, Parks, Wegränder.

ZIEGELROTER SCHWEFELKOPF

(Hypholoma sublateritum)

Dieser Zwerg wächst gut bei milden Temperaturen. Er ist kein einfacher Zeitgenosse, weil er leicht zu verwechseln ist, auch mit dem Grünblättrigen Schwefelkopf und der ist stark giftig. Die Giftigkeit des Ziegelroten Schwefelkopfes ist umstritten. Roh ist er auf jeden Fall giftig, aber gekocht wird er von einigen Menschen vertragen, schmeckt jedoch bitter. In Nordamerika soll der Ziegelrote Schwefelkopf sogar kultiviert werden, wobei es sich dabei wahrscheinlich um eine verwandte Art handelt und nicht genau um diesen Pilz. ➔ **S. 90**

Hut: ocker bis rotbraun, in der Mitte ziegelrot und an den Rändern meistens heller, mit faserigen Velumrusten.
Lamellen: mit Zwischenlamellen, erst gelblich, verfärben sich später braunoliv oder auch lilalich.
Stiel: gelblich, dicklich, faserig, vor allem bei ausgewachsenen Schwefelköpfen hohl.
Fleisch: gelblich und zur Stielbasis hin rotbräunlich.
Geruch: angenehm pilzig.
Wo: büschelig auf Totholz, mag Buchen und Eichen, aber auch Nadelhölzer.

SCHLEHENRÖTLING

(Entoloma sepium)

Ein Frühlingspilz, der vorzugsweise auf Streuobstwiesen wächst. Man findet ihn unter Schlehensträuchern und häufig unter Pflaumenbäumen. Der Schlehenrötling ist essbar, aber aufgrund der schwierigen Bestimmung und möglichen Verwechslungen mit ungenießbaren und auch giftigen Arten nur etwas für erfahrene Pilzsammler. ➔ S. 90

Hut: cremeweiß bis leicht gelblich, oft seidig glänzend, Durchmesser bis 10 cm.
Lamellen: Blassrosa, etwas ausgebuchtet, angewachsen und färben sich im Alter dunkler.
Stiel: weißlich, glatt, stabil und vollfleischig.
Fleisch: weiß, zart, milder Geschmack.
Geruch: obstartig, mehlig.
Wo: Parks, Streuobstwiesen, an Wegrändern.

SPITZMORCHEL

(Morchella elata)

Die Spitzmorchel, auch Zipfelmützenmorchel genannt, erscheint schon ganz früh im Jahr, ungefähr ab Februar. Sie liebt Supermartkparkplätze. Ob Aldi, Edeka oder Rewe ist dieser Morchel egal. Sie wächst gern auf feuchtem, humusreichem Mulchmaterial. Ich bin selber allerdings noch nie auf den Parkplätzen fündig geworden. Sie ist extrem schmackhaft, aber roh giftig. Die Spitzmorchel kann bei Menschen mit einer Unverträglichkeit das sogenannte Morchella-Syndrom auslösen. Dabei fühlt man sich wie betrunken; schwindelig, zittrig mit Gleichgewichtsproblemen. ➔ S. 90

Hut: dunkelbraun bis schwarzbraun, kegelförmig und länglich; mit tiefen, wabenartigen Kammern.
Stiel: weißlich bis cremefarben, hohl, glatt oder leicht gerippt.
Fleisch: dünn und hohl, ähnlich wie bei der Speisemorchel.
Geruch: angenehm, neutral.

Wo: Auwälder, Flussufer, Supermarktparkplätze, Wiesen, Gärten, Laubwälder, Rindenmulch, Parkanlagen.

BÖHMISCHE VERPEL

(Verpa bohemica)

Oder auch Böhmische Morchel. Ich würde gern mal Morcheln finden und habe deshalb eines Tages den Pilz-Youtuber Snokri gefragt, ob er mir vielleicht helfen könne. Ich kannte seine Videos, in denen er ständig Böhmische Verpeln in die Kamera hielt. Er nahm mich tatsächlich mit auf eine Tour und erklärte, dass er an seinen Stellen auch schon Speisemorcheln gefunden hatte, da dort wegen eines Vulkans etwas basalthaltiger Boden war. Ich wurde immer aufgeregter und war zuversichtlich, aber ... wieder nix! Bisher bleiben mir jegliche Morchelfunde verwehrt. ➔ **S. 91**

Hut: gelbbraun bis ockerfarben, glockenförmig und faltig, locker mit dem Stiel verbunden.
Stiel: gekammert, wattig hohl.
Fleisch: dünn und hohl, empfindlich beim Anfassen.
Geruch: pilzig bis spermatisch.
Wo: Die Böhmische Verpel wächst in feuchten, humusreichen Böden, oft in der Nähe von Flüssen oder in lichten Auwäldern.

ANEMONENBECHERLING

(Dumontinia tuberosa)

Dieser Pilz parasitiert auf Wurzeln von Buschwindröschen und wächst aus einem sogenannten Sklerotium. Das ist eine knollenartige Myzelmasse, in der sich der Pilz vor Kälte und Trockenheit schützen kann. Er kann dort in einem Ruhezustand verharren und dann bei für ihn besseren Bedingungen wieder weiterwachsen. Der Stiel des Anemonenbecherlings ist im Erdboden versenkt, nur der obere becherartige Teil des Fruchtkörpers guckt heraus. Das erste Mal hatte ich diesen Pilz gezielt in einem Anemonenteppich gesucht – und direkt gefunden! ➔ **S. 91**

Fruchtkörper: becherförmig, orangebraun, oft unscheinbar.
Ansatz: knollig, dunkelbraun bis schwarz, unter der Erde.
Besonderheit: Parasit auf den Wurzeln von Buschwindrosen.
Geruch: neutral.
Wo: Erscheint im Frühjahr, genau zur Blütezeit der Buschwindrosen, wächst auf humusreichen Böden in lichten Wäldern oder an Waldrändern.

FICHTENZAPFENRÜBLING

(Strobilurus esculentus)

Bis man mit Fichtenzapfenrüblingen eine Mahlzeit zusammen hat, ist der Tag rum. Und selbst dann reicht es gerade mal für ein Omelett. Aber mir schmeckt dieser Pilz gut. Er wächst – wie der Name schon fast vermuten lässt – auf Fichtenzapfen. ➔ **S. 91**

Hut: glatt, braun, Durchmesser 1–3 cm.
Stiel: dünn, weißlich bis hellbraun.
Fleisch: dünn, mild im Geschmack.
Wo: Wächst direkt auf vergrabenen oder verrottenden Fichtenzapfen.
Geruch: angenehm.

FICHTENZAPFENHELMLING

(Mycena strobilicola)

Das ist der ungenießbare Doppelgänger des Fichtenzapfenrüblings, der ebenfalls auf oder zwischen alten Fichtenzapfen wächst. Sein Hut ist jedoch etwas glockenförmiger. Ein verlässliches Zeichen dafür, dass es sich hier um den Helmling und nicht um den leckeren Rübling handelt, ist der auffällige Geruch nach Chlor. ➔ **S. 92**

Hut: klein, glockenförmig, oft hellbraun bis gräulich.
Lamellen: weiß.
Stiel: dünn, bräunlich, hohl.
Geruch: Charakteristischer Chlorgeruch – ein Warnsignal!
Wo: Wächst auf verrottenden Fichtenzapfen in Nadelwäldern.

FRÜHLINGSWEICHRITTERLING

(Melanoleuca cognata)

In Büchern wird dieser mittelgroße Speisepilz mit seinem cognacfarbenen, schimmernden Hut oft als weniger schmackhaft beschrieben, aber ich halte ihn für unterschätzt und esse den Frühlingsweichritterling gern. Mich erinnert sein Geschmack an Champignons. ➔ **S. 92**

Hut: glatt, hell- bis dunkelbraun, leicht fettig; Durchmesser bis 10 cm.
Lamellen: weißlich, dicht stehend, ausgebuchtet angewachsen.
Stiel: fest, weißlich.

Fleisch: weiß, fest, angenehm zart.
Geruch: angenehm, erdig.
Wo: Wächst im Frühling auf Wiesen, an Waldrändern und in lichten Wäldern.

PEGADOR

WAS ZU EINEM FUNGI-FRIDAY DAZUGEHÖRT ODER: WETTER, WALD UND AUSRÜSTUNG

Pilzesammeln ist was für Schatzsuchende, Naturliebhabende, Menschen, die auf der Suche nach einer kostenlosen Mahlzeit sind, Vitalpilze frisch und nicht in Kapseln zu sich nehmen wollen, Menschen, die ein neues Hobby brauchen, was Neues lernen wollen, Angeber und Angeberinnen, die sich in etwas besser auskennen wollen, als andere, Köche, die Pilze mögen, die man nicht kaufen kann, für Gestresste, Glückliche, Traurige, Gespannte, Überforderte, Ruhesuchende, Mutige, Nostalgiker, Hipster, Junge, Alte, Kinder, für alle, die Abwechslung mögen, die detailverliebt sind und gern genau hinschauen, gerne vergleichen, probieren und nicht ständig vor einem Bildschirm sitzen wollen, auch für Bierliebhaber und Käsefreundinnen. Pilze sind einfach für alle da!

Und das versuche ich auf meinem Tiktok- oder Instagram-Kanal mindestens jeden Freitag unter Beweis zu stellen: freitags ist Fungi Friday! Da gehe ich mit Messer, Körbchen UND Handy in den Wald, um meine Pilzfunde und mein Wissen zu teilen. Anfangs war auch Oma oft dabei, weil ich jemanden zum Filmen brauchte, aber weil sie auch lieber Pilze sucht, statt mich dabei zu filmen, musste ich eine andere Lösung finden. Die Oma, sofern sie noch rüstig ist, mit in den Wald zu nehmen, kann aber auf keinen Fall schaden.

Wo finde ich Pilze?

Und was braucht man sonst noch so außer eine Oma? Klar, einen Wald, nicht irgendeinen Wald, am besten einen Wald, der zu dem passt, was man finden möchte. Das klingt vielleicht komisch, aber ich habe schon oft festgestellt, dass die Leute in den falschen Wäldern nach den richtigen Pilzen suchen oder in den richtigen Wäldern nach den falschen Pilzen. Um es etwas weniger umständlich zu sagen: Wenn es keine Buchen gibt, dann gibt es eben auch nicht die Pilze, die an toten Buchen wachsen. Welche Pilze man finden kann, das sagen einem die Bäume. Sehr viele Pilzarten haben feste Baumpartner und kommen nur in deren Nähe vor. Man hört es oft schon an den Namen: Fichten-Reizker, Eichen-Milchling, Birken-Rotkappe, Lärchenröhrling oder Buchen-Speitäubling. Ich habe mal eine ältere Dame im Bus hinter mir ihrer Freundin einen Ratschlag geben hören.

„Da brauchste gar nicht rein in den Wald, da gibts nur Buchen!“

Buchen sind nun ausgerechnet Bäume, in deren Nähe ganz besonders viele verschiedene Pilzarten wachsen. Es heißt nicht umsonst: Unter Buchen sollst du suchen! Auch die Kiefer ist ein Baum, die mit vielen Pilzen, gerade im Herbst, eine Mykorrhiza eingeht, also eine Symbiose. Im Gegensatz dazu findet man unter Ahornbäumen die wenigsten Pilze. Im Frühjahr lohnt es sich nicht, in einen Nadelwald zu gehen. Da wachsen die meisten Pilze unter Laubbäumen oder an grasigen Stellen. Aber nicht nur die Bäume sind wichtige Hinweisgeber auf das Pilzvorkommen, auch der Boden. Es ist hilfreich zu wissen, ob er sauer, sandig oder kalkhaltig ist. Es gibt online frei verfügbare Bodenkarten, aber auch in der Natur selbst gibt es immer ein paar Hinweise, die man kennen sollte. Meine Gegend ist von sauren Mischwäldern geprägt. Die häufigste Zeigerpflanze für sauren Boden ist die Heidelbeere. Aber auch bemooster Wald wächst eher auf saurem Boden.

Durch frühere vulkanische Aktivität gibt es in meiner Umgebung nur vereinzelt Bodenstellen, in denen Kalk vorkommt. Weinbergschnecken sind Anzeiger für Kalkböden, aber auch Pflanzen wie Gundermann oder Aronstab.

Man braucht Geduld und ein Grundverständnis für die verschiedenen Pilze und ihre Lebensweise – der Rest ist Zufall.

Wann finde ich Pilze?

Hat man nun einen passenden Wald und vielleicht sogar ein paar Fundstellen aus den letzten Jahren, weiß also, was man dort zu erwarten hat, braucht man auch noch entsprechendes Wetter, um Pilze zu finden, also Pilzwetter. Ich werde oft gefragt, was das eigentlich sein soll, das richtige Pilzwetter, um möglichst viel zu finden. Also erstens muss das Wetter schon ein paar Tage oder bis zu zwei Wochen vorher passiert sein, und in dem Fall meine ich mit Wetter Regen. Ein 10-minütiger Schauer reicht nicht. Vor allem bei sehr warmen Temperaturen ist das Wasser schneller wieder verdunstet, als es vom Pilzmyzel gespeichert werden kann. Am besten ist eine kleine Regenperiode von einigen Tagen. Der Boden muss gut durchfeuchtet sein. Pilze bestehen zu 90 Prozent aus Wasser und brauchen vor allem Feuchtigkeit, um zu wachsen. Die meisten tun das dann bei milden Temperaturen. Am besten ist, das Thermometer steigt am Tag auf mindestens 15 Grad und fällt nachts nicht unter 5 Grad. Pilzsammler sollten früh am Morgen losziehen, wenn die Luft noch kühl und der Boden feucht ist. Unter diesen Bedingungen wachsen Pilze am schnellsten. Auch ist die Wahrscheinlichkeit dann höher, Pilze ungestört zu finden, bevor sie von anderen Sammlern entdeckt oder von Tieren angeknabbert werden. Bei richtig warmen Temperaturen ab 25 Grad können Steinpilze in zwei Tagen total groß werden. Im Herbst gibt es für eine Vielzahl von Pilzen dieses perfekte Wetter, etwas kühlere Nächte und warme, aber nicht zu heiße Tage. Die meisten Arten haben es gern, wenn nach einem Regen die Temperatur für ein paar Tage stabil mild bleibt. Jede Pilzart hat ihre Lieblingstemperaturen. Bei vielen liegt sie zwischen 18 und 27 Grad Celsius. Schnelle Wetterumschwünge mögen Pilze nicht. In sehr heißen und trockenen Sommermonaten wachsen Pilze kaum. Das trocknet den Boden zu sehr aus. Aber auch das Gegenteil schränkt das Wachstum extrem ein, starke Regenfälle oder langanhaltender Dauerregen. Dabei wird der Boden zu sehr durchweicht und das Pilzmyzel regelrecht „überflutet".

Es geht das Gerücht, dass sich das Pilzesammeln bei zunehmendem Mond oder gar bei Vollmond besonders lohnt. Dazu gibt es keine nennenswerten Studien. Ich persönlich habe nicht das Gefühl, dass der Mond mehr Arten aus dem Boden lockt.

Wie sollte ich meine Pilze sammeln?

Hat man nun Wald und Wetter, mit oder ohne Mond, fehlt noch der passende Transportbehälter. Und das ist keine Plastiktüte! Ich gebe zu, sich in meinem Alter über einen schönen Weidekorb zu freuen, das ist vielleicht doch ein bisschen seltsam, aber das ist auch wirklich das einzig Seltsame an diesem Hobby! Zum Pilzesuchen gehört nun mal ein Korb wie ein Handy zum Fungi Friday. Es ist wichtig, dass die Pilze gut belüftet und nicht zerquetscht werden. In Feuchtigkeit und stickiger Luft aufbewahrte Pilze verderben schneller und setzen

Giftstoffe frei. Außerdem können durch den Korb die Sporen weiterverbreitet werden. Das ist wichtig.

Auch gut zu gebrauchen: ein Messer, am besten ein Pilzmesser mit einer kleinen Bürste dran. Als Pilzsammler mit einem Messer unterwegs zu sein, heißt aber nicht, dass man jeden Pilz abschneiden muss. Nein, nein, nein und nochmals nein. Pilzen, also vor allem dem unterirdischen Myzel, ist es total egal, ob sie rausgedreht oder abgeschnitten werden. Dem ganzen Pilz ist es egal. Aber unter meinen Videos werde ich ständig eines Besseren belehrt. Irgendwann haben irgendwo mal zu viele Menschen irgendwas davon gehört, dass man Pilze abschneiden MUSS. Es ist wirklich nicht nötig. Der Grund, warum ich gerne mit einem Messer unterwegs bin, ist, dass ich den Pilz dann gleich an Ort und Stelle sauber machen kann und Humusreste und Sand im Wald bleiben. Auch wenn man mit Korb und Messer bewaffnet ist, kann man immer noch angegriffen werden, nämlich von Mücken und Zecken. Daher bevorzugen viele Pilzfreunde und Pilzfreundinnen lange Klamotten und stecken die Hose unten in die Socken. Außerdem empfiehlt es sich, ein Pilzbestimmungsbuch dabeizuhaben, wenn man neue Arten gleich im Wald bestimmen möchte. Ein voller Handyakku ist ratsam, falls man die Orientierung verliert und auch eine Kleinigkeit zu essen und trinken kann nicht schaden, falls ... man Hunger oder Durst bekommt.

SOMMER

HÜTE IM SCHATTEN

Für den Sommer sprechen mindestens Pfifferlinge und die ersten Steinpilze, aber was ich an der wärmsten Jahreszeit besonders mag, ist die Abkühlung im Wald. Ich brauche keine Seen und Freibäder, ich tauche viel lieber im schattigen Wald ab und hol mir dort was Leckeres zum Essen. Wegen der Wärme muss man im Sommer nur noch mehr als sonst darauf achten, dass die Pilze zeitnah verarbeitet werden, weil sie noch schneller verderben.

PERLPILZE

(Amanita rubescens)

Perlpilze sind in der Pilzszene häufig anzutreffen, aber auch für ihre schlechte Qualität bekannt. Etwa 95 % der Perlpilze sind bereits madig, wenn man sie findet. An Stellen, an denen sich Maden in ihn reingefressen oder Schnecken an ihm rumgeknabbert haben, ist sein Fleisch rötlich. Perlpilze können mit dem tödlich giftigen Pantherpilz verwechselt werden. Deshalb sollte man besonders die bei beiden Pilzen vorhandene Manschette unter die Lupe nehmen. Die Manschette des Perlpilzes ist stark gerieft, der Ring des Pantherpilzes hingegen ungerieft. Aber jetzt wird es heftig: Mittlerweile wurden schon Pantherpilze mit leichter Riefung gefunden. ➔ **S. 92**

Hut: rotbraun, gelblich, violettbräunlich mit abwischbaren schmutzig-weißen Schüppchen. Die Huthaut ist gut abziehbar.
Lamellen: weißlich.
Stiel: weißlich, mit rübenartiger Knolle, wurzelt manchmal.
Fleisch: fest, weiß, rötend bei Verletzungen.
Geruch: neutral, angenehm.
Wo: Mischwald, Parkanlagen.

GRAUER WULSTLING

(Amanita excelsa)

Wie der Name verrät, gehört dieser Pilz in die große Familie der Wulstlingsverwandten. Und diese Familie hat sehr berühmte Mitglieder, zum Beispiel den Pantherpilz, Grünen Knollenblätterpilz und Fliegenpilz. Man sollte daher beim Sammeln von Wulstlingen wissen, was man tut. Den Grauen Wulstling habe ich selbst auch viele Jahre stehengelassen, nicht, weil er von seinen giftigen Verwechslungspartnern nicht gut zu unterscheiden wäre, sondern weil ich immer gelesen hatte, dass er geschmacklich minderwertig sei. Doch irgendwann war ich zu neugierig und habe es gewagt. Er schmeckt ähnlich wie der Perlpilz, etwas dumpfer und bei meinem zweiten Probeexemplar kam auch der Rettichgeschmack durch, der ihm nachgesagt wird. Das beste Unterscheidungsmerkmal zum Pantherpilz ist das sogenannte Bergsteigersöckchen, das der Graue Wulstling nicht trägt. ➔ **S. 93**

Hut: graubraun mit weißlichen Flecken (Velumresten).
Lamellen: weiß, überwiegend frei.
Stiel: weißlich, faserig mit rübenartiger Knolle.

Fleisch: weiß.
Geruch: rettichartig, erdig, dumpf.
Wo: saure Mischwälder, Nadelwälder, Laubwälder, Parkanlagen, häufig bei Eichen und Fichten.

FRAUENTÄUBLING

(Russula cyanoxantha)

Wer die Konsistenz von Röhrlingen nicht mag, muss unbedingt mal Täublinge probieren. Zum Beispiel diesen hier. Er gehört zu den besten Speisepilzen, schmeckt angenehm mild bis nussig. Täublinge besitzen im Gegensatz zu giftigen Verwechslungspartnern keine Knolle und keine Manschette am Stiel. Normalerweise erkennt man sie gut an ihren spröden Lamellen. Wenn man mit den Fingern drüberfährt, splittern sie. Das liegt an ihrem Zellenaufbau, der bei den Täublingen im Gegensatz zu anderen Lamellenpilzen kugelig ist. Der Frauentäubling bildet allerdings eine Ausnahme. Seine Lamellen sind geschmeidig und biegsam und splittern nicht. Wegen dieser „Anschmiegsamkeit" soll er seit ca. 1920 auch den Namen Frauentäubling tragen. Wobei die eine Dame ihren Hut gerne in Lila und die andere in Grün trägt. Die Hutfärbung des Frauentäublings kann stark variieren. → **S. 93**

Hut: grünlich bis lila, leicht glänzend.
Lamellen: Weiße, geschmeidige Lamellen, die sich bei älteren Exemplaren leicht vom Hut lösen.
Stiel: weiß, fest und glatt, manchmal leicht rötlich überhaucht.
Fleisch: fest, mit leicht nussigem Geschmack.
Geruch: neutral, angenehm.
Wo: Mischwald.

SPEISETÄUBLING

(Russula vesca)

Sehr lecker! Er schmeckt angenehm nussig. Man erkennt diesen Täubling gut an der verkürzten Huthaut. Wenn man von oben auf diesen Pilz guckt, sieht man eine weiße Linie am Hutrand. ➔ **S. 93**

Hut: Weißlich bis grünlich, mit einer schmierigen Huthaut, die leicht abblättert.
Lamellen: weiße, leicht herausragende Lamellen.
Stiel: weiß, fest und glatt.
Fleisch: fest, mit mildem Geschmack.
Geruch: neutral, angenehm.
Wo: Mischwald, eher auf saurem Boden.

STINKMORCHEL

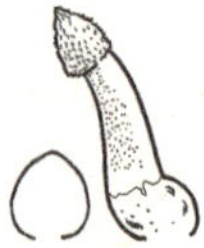

(Phallus impudicus)

Schamloser Phallus, Pfurzglocke, Leichenfinger - man riecht diesen Pilz mit den sympathischen Namen, bevor man ihn sieht. Er stinkt, um es ganz deutlich zu sagen. Aber Mistkäfer und Fliegen lieben diesen aasartigen Geruch. Sie krabbeln auf der Stinkmorchel herum und schlecken das vermeintlich verweste Fleisch ab. Anschließend fliegen sie zufrieden weiter und scheiden später mit ihrem Kot die Sporen aus und helfen bei der Verbreitung des Pilzes.

Die Stinkmorchel wächst aus einem essbaren Hexenei, das ich als Kind meiner Oma mal an den Kopf geworfen habe. ➔ **S. 94**

Hut: wabenartig strukturiert, Kappe mit olivgrüner, schleimiger Masse.
Stiel: zylindrisch, schlank, hohl.
Fleisch: weiß.
Geruch: aasartig, faulig.
Wo: Mischwälder.

PFEFFERRÖHRLING

(Chalciporus piperatus)

Dieser Pilz ist echt scharf. Der Einzige unter den Röhrlingen mit Pfeffer unter dem Hut. Er besitzt natürlich keinen echten Pfeffer, schmeckt aber so. Beim Braten verliert sich die Schärfe etwas, geht aber nicht ganz verloren. Für mich ist es ein mittelmäßiger Speisepilz, da er einfach mit anderen Röhrlingen nicht mithalten kann. Der Pfeffer-Röhrling ist ein guter Steinpilzanzeiger. Er wächst oft in Gemeinschaft mit Steinpilzen, Fliegenpilzen und Mehlräslingen. **➔ S. 94**

Hut: rötlich-braun, matt, leicht samtig, mit einem Durchmesser von 2–8 cm.
Röhren: ockergelb bis orange, röhrenförmig, keine Blaufärbung bei Verletzung.
Stiel: zylindrisch, gelblich-braun, oft leicht gebogen.
Fleisch: fest, gelblich, roh sehr scharf.
Geruch: neutral.
Wo: Mischwald, saurer Boden.

REHBRAUNER DACHPILZ

(Pluteus cervinus)

Verwechslungen innerhalb der Dachpilze sind harmlos. Es gibt keine sehr giftigen Arten, nur den Grauen Dachpilz, der etwas Psilocybin enthält. Man erkennt diese Pilze gut an den freistehenden Lamellen, die nie bis direkt an den Stiel gehen. Sie gehören zu den Holzzersetzern, weshalb sie auch nur auf Holz wachsen. Man kann ihn essen, aber mir persönlich schmeckt er nicht besonders. ➔ **S. 94**

Hut: rehbraun, matt bis leicht glänzend, oft mit radialen Fasern, Durchmesser bis 12 cm.
Lamellen: weißlich bis rosa, freistehend, laufen nicht am Stiel herab.
Stiel: weißlich, glatt oder leicht fasrig, bis 10 cm lang.
Fleisch: dünn, weißlich, ohne besonderen Geruch.
Geruch: rettichartig.
Wo: vermodertes Holz, verrottende Äste.

HAINBUCHENRÖHRLING

(Leccinum griseum)

Dieser Pilz schmeckt besser als Birkenpilze und ist seltener als andere Raufüße. Ich habe mal welche in einem überschwemmten Weggraben gefunden, da standen sie im Wasser, obwohl er normalerweise in der Nähe von ... tadaaaa ... Hainbuchen gefunden werden kann. ➔ **S. 95**

Hut: hellbraun bis kastanienbraun, Oberseite runzelig, bis 13 cm Durchmesser.

Röhren: weißlich bis gräulich, auf Druck dunkel, violett-schwärzlich verfärbend.
Stiel: Zylindrisch, weißlich, mit dunklen Schuppen übersät.
Fleisch: Grauweiß, verfärbt sich bei Anschnitt erst rötlich und wird dann mit der Zeit grauviolett bis schwarzlila.
Geruch: angenehm pilzig.
Wo: Wächst in der Nähe von Hainbuchen.

SCHWEFELPORLING

(Laetiporus sulphureus)

Das ist ein leuchtend gelber Pilz, der wie eine Säule am Baumstamm entlang wächst. Ich freue mich, wenn er an unserem Kirschbaum auftaucht, obwohl er ihn natürlich schwächt. Ich mag den leicht säuerlichen Geschmack der Schwefelporlinge. Wegen seiner Konsistenz wird er auch als vegetarisches Hähnchenfleisch bezeichnet. Allerdings sollte man ihn als Speisepilz meiden, wenn man ihn an Goldregen, Robinien und Eiben findet, da er eventuell das Gift dieser Bäume aufnehmen kann. Und vorher ca. 5 min abkochen! Auch Schwefelporlinge, die an Eichen wachsen, sind manchmal unverträglich, wegen der enthaltenden Gerbsäure. Sehr lecker schmeckt er jung und frisch von Weiden oder Obstbäumen. ➔ **S. 95**

Fruchtkörper: konsolenartig, leuchtend gelb bis orange, mit weicher, fleischiger Konsistenz, besonders an den Spitzen, wenn jung.
Poren: Gelblich, sehr fein.
Fleisch: Saftig, fest, leicht säuerlicher Geschmack.
Geruch: aromatisch, säuerlich, leicht pilzig.
Wo: an Bäumen aller Art, meist Laubholz.

STADTCHAMPIGNON

(Agaricus bitorquis)

Ein robuster, starker Zeitgenosse, der es schafft, sich durch Asphalt zu bohren. Er riecht ein bisschen nach Marzipan und wächst oft in Parks, Gärten oder auch auf Parkplätzen. Der Stadt-Champignon ist essbar. Es gibt in Mitteleuropa ungefähr 60 bis 70 Champignonarten. Für sie gilt: Riechen sie nach Medizin, Tinte oder Fisch sind sie ungenießbar bis giftig. Champignons, die nach Anis riechen sind immer essbar. Verfärben sie sich nach dem Anschnitt rötlich, sind sie fast immer essbar, verfärben sie sich gelb OHNE so einen Anisgeruch sind sie immer giftverdächtig. → **S. 95**

Hut: weiß bis grau, dickfleischig, mit einem Durchmesser von 5–15 cm.
Lamellen: rosa bis schokoladenbraun, freistehend.
Stiel: kurz, kräftig, mit doppeltem Ring.
Fleisch: fest, weiß, leicht mandelartiger Geruch.
Geruch: pilzig, etwas nach Marzipan.
Wo: nährstoffreiche Böden in Parks, Gärten, auf Wiesen.

SAMTFUSSKREMPLING

(Tapinella atrotomentosa)

Das ist ein Kriegspilz, das heißt, wenn Nahrung knapp wird, kann man ihn essen, auch wenn er nicht besonders gut schmeckt. Zu Kriegszeiten wurde er viel konsumiert. Ich selbst habe mal Samtfußkremplinge mitgenommen, um sie zu probieren, aber dann nach dem Abkochen im Kühlschrank vergessen. Das Abkochwasser verfärbt sich violett.

Man kann diesen Pilz auch zum Färben von Kleidung verwenden. ➔ **S. 95**

Hut: dunkelbraun, samtig, mit eingerolltem Rand, bis 15 cm breit.
Lamellen: gelblich, dick, herablaufend am Stiel.
Stiel: schwarzbraun, samtig, oft kurz und dick.
Fleisch: zäh, bitter, leicht violett verfärbend.
Geruch: säuerlich.
Wo: auf verrottetem Nadelholz.

SOMMERSTEINPILZ

(Boletus reticulatus)

Da freut sich das Pilzsammlerherz, wenn es im Mai mit den begehrtesten Speisepilzen überhaupt losgeht, den Sommer-Steinpilzen. Einer der wenigen Pilze, die man auch roh essen kann. Steinpilze sind standorttreu. Hat man also erst mal eine Stelle gefunden, sollte man diese regelmäßig besuchen. Sommersteinpilze riechen nach Cumarin. ➔ **S. 96**

Hut: Hellbraun bis beige, samtig, kann bei Trockenheit rissig werden, bis 25 cm Durchmesser.
Röhren: weißlich bis gelblich, keine Blaufärbung bei Druck.
Stiel: heller Grundton mit weißem Netz, später bräunlichem Netz.
Fleisch: fest, weiß, unverändert im Anschnitt.
Geruch: nach Cumarin.
Wo: unter Buchen und Eichen.

AMETHYSTSCHUPPIGER PFIFFERLING

(Cantharellus amethysteus)

Pfifferlinge sind für viele Pilzsammler ein Highlight. Es soll bis zu 18 verschiedene Arten geben. Das wissen die wenigsten. Bei mir in der Gegend wächst zum Beispiel der Amethystschuppige Pfifferling. Den kann man in Laub- und Nadelwäldern finden, häufig an Wegrändern. Dann gibt es auch Samtige Pfifferlinge, die findet man vor allem in Laubwäldern, auch am Wegesrand, gerne da, wo Schotter ist. Generell gilt: Wo saurer Boden ist, sind auch Pfifferlinge zu finden. Ein guter Anzeiger für sauren Boden ist Heidelbeerkraut. 2024 war DAS Pfifferlingsjahr. Innerhalb einer Stunde hatte ich einen großen Korb voll. Der Amethystschuppige Pfifferling hat rosa bis violette Schüppchen auf seinem Hut. Um echte und wohlschmeckende Pfifferlinge vom unechten Pfifferling oder gar giftigen Orangefuchsigen Raukopf zu unterscheiden, sollte man sich die Fruchtschicht unter dem Hut genauer anschauen. Sind es nämlich Leisten statt Lamellen, ist man auf der sicheren Seite. Der Unterschied zwischen Leisten und Lamellen: Lamellen lassen sich voneinander abgrenzen, sind dünner, lassen sich in der Regel vom Fruchtkörper lösen. Leisten hingegen sind aderartige, runzelige Teile des Fleisches, die mit ihm verwachsen und auch dicker sind als Lamellen. Der Falsche Pfifferling hat zudem orangefarbenes Fleisch, der Echte Pfifferling ist innen weiß. **➔ S. 96**

Hut: gelb bis orange mit violetten Schüppchen.
Leisten: adernähnliche Leisten, stark herablaufend.
Stiel: gelb, zylindrisch, oft etwas heller als der Hut.
Fleisch: fest, mild würzig.
Geruch: leicht würzig, obstartig.
Wo: Laub- und Nadelwald.

FUCHSIGER SCHEIDENSTREIFLING

(Amanita fulva)

Dieser Pilz kommt gut mit Trockenheit klar. Ich habe ihn ganz viel auf sandigem Boden im Birkenwald auf Hiddensee gefunden. Eigentlich war es fast die einzige Pilzart, die ich damals dort gefunden habe. Er bevorzugt sandig-saure Böden. ➔ **S. 96**

Hut: fuchsbraun, leicht klebrig, mit eingerolltem Rand.
Lamellen: blassgelb bis bräunlich, dicht stehend.
Stiel: weißlich, mit gelben bis fuchsbraunen Fasern durchzogen.
Fleisch: gelblich, mild.
Besonderheit: Kommt gut mit Trockenheit klar.
Geruch: neutral.
Wo: Laub und Nadelwald.

GEMEINER BIRKENPILZ

(Leccinum scabrum)

Ich finde es rührend, wie dieser Pilz aussehen will, wie seine Lieblingsbäume oder seine Lieblingsbäume wie er. Sein Stiel ist weiß, mit schwarz-braunen Schuppen, wie der Stamm von Birken, unter denen er am liebsten wächst. Sein Hut wird schnell matschig, deshalb muss man sich beeilen, wenn man ihn essen möchte. ➔ **S. 97**

Hut: hellbraun bis dunkelbraun, im Alter schnell weich.
Röhren: weißlich bis graugelb, keine Blau- oder Schwarzfärbung bei Druck.

Stiel: Weißlich mit schwarzen Schuppen, erinnert an Birkenrinde.
Fleisch: weiß, im Schnitt unverändert.
Geruch: neutral-pilzig.
Wo: unter Birken.

ESPENROTKAPPE

(Leccinum leucopodium)

Alle Rotkappen sind sehr gute Speisepilze. Diese hier auch. Da darf man sich nicht verunsichern lassen, wenn das Fleisch der Espen-Rotkappe beim Braten ganz schwarz wird.
→ S. 97

Hut: orangerot, samtig, leicht gewölbt.
Röhren: weiß bis gräulich, keine Blaufärbung.
Stiel: weißlich mit schwarzen Schuppen.
Fleisch: weißlich, färbt sich bei Schnittstellen grau und beim Braten schwarz.
Geruch: pilzig.
Wo: bei Pappeln und Espen.

FALTENTINTLING

(Coprinopsis atramentaria)

Diesen leckeren Pilz sollte man niemals Gästen kredenzen, da man nie weiß, ob sich die Gäste am Vortag nicht vielleicht ein kleines Gläschen gegönnt haben oder es später noch tun werden. Zwei Tage vor bis zwei Tage nach dem Genuss vom Faltentintling darf man keinesfalls Alkohol trinken. Dieser

Pilz führt in Verbindung mit Alkohol zu schweren Vergiftungen. Und damit ist wirklich jede Cognacpraline gemeint. Das Gift wirkt umso heftiger, je mehr Zeit zwischen Alkohol und dem Pilzverzehr vergangen ist. ➔ **S. 97**

Hut: Graubraun, gerieft, zerfließt im Alter tintenartig.
Lamellen: weiß, später schwarz zerfließend, angeheftet (frei beim Schopftintling)
Stiel: weiß, dünn, hohl.
Fleisch: dünn, mild.
Geruch: neutral, etwas pilzig.
Wo: Wegränder, Parkanlangen, Laubwälder.

PFEFFERMILCHLING

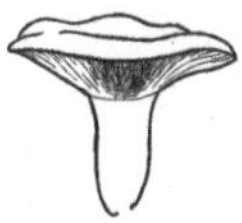

(Lactarius piperatus)

Ich habe mir diesen Pilz mal aus der Dresdner Heide mitgebracht. Seine Milch ist wirklich brennend scharf. Wird der Pilz gegart, verliert sich die Schärfe. Bei mir wurde er dann aber plötzlich bitter. Der Pilz wurde im Altertum und heute noch in der traditionellen chinesischen Medizin gegen Blasenbeschwerden eingesetzt. Und in Italien, so habe ich mal gehört, wird Pasta damit gepfeffert. ➔ **S. 98**

Hut: weiß bis cremefarben, flach, später trichterförmig.
Lamellen: dicht stehend, weiß.
Stiel: weiß, massiv, bis 8 cm hoch.
Fleisch: weiß, milchführend, scharf im Rohzustand.
Geruch: schwach pilzig.
Wo: Mischwald, gern bei Eichen oder Buchen.

BLUTROTER RÖHRLING

(Hortiboletus rubellus)

Ein richtig farbenfroher Pilz, der gute Laune verbreitet, zumindest, wenn er jung ist. Sein Hut ist blutrot, die Poren goldgelb und der Stiel gelborange am Ansatz, zur Mitte blutrot und an der Basis gelblich bis bräunlich. Ich habe viele während meines Freiwilligen Sozialen Jahres gesammelt, als ich mit einer KITA-Gruppe unterwegs war. Die Kinder fanden den Pilz so toll, dass sie lieber noch mehr Pilze suchen wollten, statt Fußball zu spielen. ➔ **S. 98**

Hut: jung blutrot, später rosa und schmutzig braun werdend.
Röhren: gelblich, später grünlich, bei Druck blauend.
Stiel: rot überzogen, Basis mit gelblichem Myzelfilz.
Fleisch: fest, gelblich, bläut beim Anschnitt.
Geruch: obstartig, säuerlich.
Wo: In Mischwäldern, an grasigen Stellen, in Parkanlagen.

BRENNENDER RÜBLING

(Collybiopsis peronata)

Ein echt aufdringliches Exemplar. Der Brennende Rübling wächst wirklich überall. Leider gilt er als ungenießbar. Darauf lässt auch schon sein Name schließen. ➔ **S. 98**

Hut: ockerfarben bis rötlich-braun, glatter Hut.
Lamellen: entfernt stehend, ausgebuchtet angewachsen, gelb bis blassbraun.
Stiel: hellbraun.

Fleisch: zäh, mit scharfem, leicht bitterem Geschmack, nicht essbar.
Wo: wächst in der Laub- und Nadelstreu.
Geruch: pilzig, angenehm.

WALDFREUNDRÜBLING

(Gymnopus dryophilus)

Er ist der Erste, der nach Regen „hier" ruft. Aber er kommt auch gut mit Trockenheit zurecht. Ein verlässlicher Waldfreund eben, der sich auch gut und gern in Pfannen unter andere Pilze mischt, wenn die Ausbeute mau ist. Er schmeckt ganz okay und soll sogar noch eine entzündungshemmende Wirkung haben. ➔ **S. 99**

Hut: ockerfarben bis hellbraun, leicht klebrig.
Lamellen: weißlich bis cremefarben, eng stehend.
Stiel: zäh, dünn, bräunlich.
Fleisch: dünn, mild schmeckend.
Geruch: angenehm, pilzig.
Wo: auf Laubstreu in Misch- und Laubwäldern.

DICKSCHALIGER KARTOFFELBOVIST

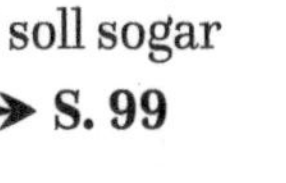

(Scleroderma citrinum)

Boviste sind die kleinen oder größeren Kugeln im Wald, deren Größe von Murmel bis Fußball reicht und die Form von Ei bis Kartoffel. Wenn man drauftritt, pufft's und der Pilz stößt eine Wolke seiner Sporen aus, die er im Gegensatz zu anderen Arten in seinem Inneren bildet. Und das manchmal mit Geräusch, weshalb sich sein Name auch von Fuchsfurz ableitet. So hat man Boviste früher genannt. Früher waren Boviste auch Hüte von Kobolden, wurden als Blitzableiter vor Häuser gelegt oder als Rauch gegen Hexen eingesetzt. Man wusste jedenfalls sehr viel mit Bovisten anzufangen. Alle Boviste, die innen weiß sind, sind essbar, dieser hier, der Dickschalige Kartoffelbovist, ist innen schwarz und giftig. Er kann unter anderem zu schweren Sehstörungen führen. Trotzdem wird er in Osteuropa manchmal als Trüffelersatz verwendet. ➔ **S. 99**

Fruchtkörper: rundlich-kartoffelig, dickschalig, gelblich bis bräunlich mit rissiger Oberfläche.
Inneres: lila bis schwarz, bei Reife pulvrig.
Fleisch: giftig.
Geruch: widerlich, nach Methan.
Wo: auf sauren Böden in Wäldern oder Heiden.

WIESENBOVIST

(Lycoperdon pratense)

Dieser Bovist ist im jungen Zustand innen weiß und daher wie alle Stäublinge, die innen weiß sind, essbar. Weil aber junge Knollenblätterpilze jung auch etwas kugelig sind, sollte man Boviste immer durchschneiden, um Lamellenansätze auszuschließen. Zeigen sich keine Lamellen, bon appetit. Boviste kann man wunderbar panieren. ➔ **S. 99**

Fruchtkörper: rundlich bis birnenförmig, weißlich, später bräunlich.
Inneres: zunächst weiß, bei Reife braun und staubig.
Fleisch: mild, nur jung genießbar.

Wo: auf Wiesen, Weiden und in Parkanlagen, jegliche Grünflächen.
Geruch: angenehm, pilzig.

SCHMAROTZERRÖHRLING

(Pseudoboletus parasiticus)

Ein echter Schmarotzer, der es sich auf dem Rücken von anderen gut gehen lässt. In dem Fall auf den Kartoffelbovisten. Für die ist das Durchgefüttere des Schmarotzers so anstrengend, dass sie es nicht mal bis zur Sporenreife schaffen, bevor sie sterben. Kein anderer Röhrling ist so dreist wie der Schmarotzer-Röhrling, weshalb er unverwechselbar ist. Man kann ihn essen, da er aber relativ selten vorkommt, sollte man ihn stehen lassen. ➔ **S. 100**

Hut: gelblich bis bräunlich, samtig.
Röhren: gelblich, keine Farbveränderung bei Druck.
Stiel: gelblich, schmal.
Fleisch: zart, mild.
Geruch: neutral.
Wo: nur auf Kartoffelbovisten.

GRÜNGEFELDERTER TÄUBLING

(Russula virescens)

Das ist wieder so ein Kandidat, dem man nicht über den Weg traut. Seine grünliche Farbe, seine Lamellen und diese kleinen Felder, die sich auf seiner aufgerissenen Huthaut zeigen sind nicht gerade vertrauenserweckend und schrecken die meisten

Pilzsammler ab. Dabei gehört der Grüngefelderte Täubling zu den besten Speisepilzen. Ich habe eine gute Stelle in einem Eichen-Hainbuchenwald, wo er neben Blassen Pfifferlingen wächst. Und er wächst auch noch bei 30 Grad, ist also ein Hochsommerpilz. Aber Vorsicht bei grünlichen Pilzen. ➔ **S. 100**

Hut: grünlich gefleckt, samtig, oft mit feldrig-rissigem Muster.
Lamellen: weiß bis cremefarben, brüchig.
Stiel: weiß, robust, leicht bauchig, innen wattig-gekammert.
Fleisch: mild, nussig.
Geruch: Da gehen die Meinungen auseinander: von jung nach Marzipan – nussig, bis alt nach Käsefuß.
Wo: unter Hainbuchen, Eichen und anderen Laubbäumen.

VIOLETTER LACKTRICHTERLING

(Laccaria amethystina)

Dieser kleine, schmächtige Pilz bringt gute Laune in den Wald, oft im Buchenwald und später auch ins Pilzgericht. Alles an ihm ist grün – ach nein, Verzeihung, lila natürlich. Sofern man darauf achtet, dass seine Lamellen kräftig lila gefärbt sind und der Stiel sehr dünn ist, kann man ihn kaum verwechseln. Sein giftiger Verwechslungspartner, der Violette Risspilz, hat lilaweißliche, lilagräuliche und auch bräunliche Lamellen, einen etwas glockigen Hut und im Gegensatz zum Violetten Lacktrichterling riecht er nicht gut. Der giftige Lila-Rettichhelmling riecht rettichartig und hat keine violetten Lamellen. ➔ **S. 100**

Hut: leuchtend violett, oft mit einem leicht eingedellten Zentrum, 2–5 cm breit, im Alter blasser werdend.

Lamellen: auseinanderstehend, ebenfalls violett.
Stiel: dünn, zäh und elastisch, violett, bis zu 8 cm lang.
Fleisch: dünn, violett, ohne besonderen Geruch oder Geschmack.
Geruch: neutral.
Wo: Mischwald.

Picture
OUTDOOR COMPANY

DER PILZFLUENCER

Ich war schon ein Pilzinfluencer, bevor ich einen Tiktok-Account hatte. Ich habe schon immer viel über Pilze geredet und versucht, meine Klassenkameradinnen und Klassenkameraden zu überreden, mit in den Wald zu kommen. Manchmal ließ sich jemand überzeugen, aber die große Euphorie blieb aus und meistens reichte es ihnen, wenn sie Pilze auf ihrer Supermarktpizza fanden. Seit ich sprechen kann, influence ich mit Pilzen, wo und wie ich nur kann.

Seit einiger Zeit wohne ich bei meiner Oma in einem sächsischen Dorf. Als ich dort hinzog, habe ich auf der blauen Bank vor unserem Haus hin und wieder Pilze ausgestellt, sie auf ein bisschen Moos aus dem hiesigen Wald drapiert und mit laminierten Schildern versehen. Die Leute, die in die Kirche neben unserem Haus gingen, schauten sich die ausgestellten Exemplare gerne an. Es sprach sich bald rum, dass ich mich gut mit Pilzen auskenne und gerade die Prüfung zum Pilzberater abgelegt hatte. Mein Pilzmentor Eckart hatte mich beim gemeinsamen Pilze zu Pulver mahlen darauf gebracht. „Willst du nicht die Prüfung zum Pilzsachverständigen machen?“ Ich war damals 16 und hatte somit noch zwei Jahre Zeit, mich darauf vorzubereiten. Dachte ich, denn ein paar Wochen später, stand Eckart aufgeregt vor meiner Tür und verkündete, dass er gerade vom Obermykologen Kalle die Nachricht erhalten hatte, dass das Prüfungsalter auf 16 Jahre herabgesetzt worden ist. So wurden aus den zwei Jahren, zwei Monate, in denen ich auf der Seite der Deutschen Gesellschaft für Mykologie die 500 Testfragen durchackerte. Taxonomie, Toxikologie, Ökolgie, Ökonomie, Naturschutz – es war viel Stoff, aber ich war entschlossen, hatte einiges an Vorwissen und interessant fand ich es allemal. Am Prüfwochenende fuhr ich mit Kalle in ein Hotel in die Oberlausitz, wo die Prüfung stattfand. Während mein Aufpasser in der theoretischen Prüfung Harry Potter las, beantwortete ich die Fragen, fertigte Skizzen vom Grünen und Gelben Knollenblätterpilz, dem Perlpilz und dem Fuchsigen Scheidenstreifling an. Außerdem sollte ich sieben Merkmale vom Zimtfarbenen Weichporling nennen. Den hatte ich bis dahin erst zwei, drei Mal wahrgenommen, konnte ihn aber aus meinem Gedächtnis abrufen. Bei der praktischen Prüfung kam es dann vor allem darauf an, diesen einen Fehler zu vermeiden: einen nicht klar essbaren Pilz als Speisepilz zu deklarieren. Nach bestandener Prüfung galt ich offiziell als jüngster Pilzsachverständiger Deutschlands. Seitdem weiß ich nicht nur, dass ich sieben Merkmale eines zimtfarbenen Weidenporlings aufzählen kann, sondern auch, dass man sich damit ziemlich plötzlich in vielen bunten Zeitschriften wiederfinden kann.

Als frisch gebackener Pilzberater wurde ich gefragt, ob ich nicht mal eine Führung machen könne. So standen eines Morgens fast 50 Leute vor meiner Tür, um mit mir in den Wald zu gehen. Ich hatte mit 15 gerechnet. Also zog ich mit dem halben Dorf los und freute mich über die interessierten Fragen, wunderte mich aber auch über die Vehemenz, mit der manche Leute ihr Halbwissen vortrugen und die Selbstverständlichkeit, mit der alles, was nicht niet- und nagelfest war, Hallimasch genannt wurde. Aus jedem Schüppling, Stockschwämmchen, Schwefelkopf, machen die Leute Hallimasch. Die meisten Teilnehmenden meiner Führungen sind Ü50 und genauso alt sind manchmal auch ihre Informationen.

Den Kahlen Krempling? Aber den haben wir doch immer gegessen. Den essen wir auch weiter. Wie soll denn ein Pilz plötzlich giftig sein?

Dann komm ich mit den neuen Erkenntnissen, die meistens gar nicht mehr so neu sind. Ja, den Kahlen Krempling kann man eine lange Zeit essen, aber der Körper kann sein Gift nicht abbauen und Antigen-Antikörper-Komplexe bilden, die die roten Blutkörperchen zerstören. Und dann wird's sehr gefährlich.

Leider gibt es nicht mehr so viele Pilzberater, die die Leute richtig aufklären können, deshalb bin ich froh, wenn ich das machen kann. Ich freu mich, wenn Leute mit ihren gesammelten Pilzen vorbeikommen, um sie von mir bestimmen zu lassen. Oder wenn sie anrufen und beschreiben, was sie gerade im Garten gefunden haben. Oder wenn sie mich in den Wald begleiten. Das Interesse an Pilzen ist groß, aber die Reichweite in einem sächsischen Dorf klein, deshalb habe ich angefangen, Pilze auf meinen Touren zu fotografieren und bei Instagram hochzuladen. Aber das wurde mir schnell langweilig und als die Plattform Musical.ly zu TikTok wurde, sagte eine Freundin: „Mach doch Tiktok. Da kannst du auch was zu den Pilzen erzählen." Ich war aber sehr skeptisch gegenüber dieser Art von Apps, deshalb hat es noch fast drei Jahre gedauert, bis ich mir TikTok heruntergeladen hatte und dann doch mit der ganzen Sache anfing.

Meine ersten Videos haben sich dann fünf Leute angesehen, viel weniger, als Dorfbewohner vor meinen Pilzen auf unserer blauen Bank stehengeblieben sind. Ich hatte zuerst keine Ahnung, aber nachdem ich die Sache mit den Hashtags kapiert hatte, hatte ich Glück und rutschte in den sagenumwobenen Algorithmus, der einen auf einen Schlag zu ganz vielen Nutzerinnen und Nutzern spült und über Nacht erfolgreich machen kann. Auf einmal hatten meine Videos bis zu zwei Millionen

Aufrufe. Meine Followerzahl ist daraufhin unheimlich schnell gewachsen. Auf einmal waren es 10.000, 50.000 und nach 2 Jahren 130.000. Auf Instagram habe ich dann auch weitergemacht und lade seit April 2024 neben Storys und Beiträgen auch Reels, also Kurzvideos, hoch. Jetzt sind es ca. 160.000 Menschen, die sich für „meine“ Pilze interessieren, jung und alt. Spätestens seit der Coronazeit ist das Interesse an der Natur wieder gewachsen. Während des Lockdowns waren die Leute mehr in Parks und Wäldern unterwegs. Dabei ist ihnen wahrscheinlich aufgefallen, wie sehr ihnen die Natur fehlt und wie sehr sie das in ihrem hektischen Alltag überhaupt nicht merken.

Mehr und mehr Leute, gerade auch die jüngeren, sehnen sich nach mehr Natur und sind von ihrer Ursprünglichkeit fasziniert. Sie wollen raus in den Wald, um sich ihre Nahrung selbst zu sammeln. Einige sind als Kinder vielleicht auch schon mit ihren Großeltern mal im Wald gewesen. Das ploppt dann in der Erinnerung wieder auf und es wächst der Wunsch, mal wieder Pilze zu sammeln. Aber um selbst Pilze zu sammeln, fehlt ihnen dann das nötige Wissen, also abonnieren sie @pilzaddicted – übrigens eine kleine Anlehnung an eine Seite mit dem Namen @sneakeraddicted, eine andere Leidenschaft von mir.

Seitdem ich meine Social-Media-Kanäle habe, bekomme ich täglich viele Nachrichten. Manchmal will mich jemand heiraten und manchmal will jemand wissen, ob der Fliegenpilz, den er gefunden hat, wirklich ein Fliegenpilz ist. Vor allem im Herbst hat mein Handy sehr viel zu tun. Ich habe es immer auf lautlos, denn sonst käme ich kaum zur Ruhe. Das Ganze könnte ein Fulltimejob sein, aber ich habe ja auch andere Sachen zu tun. Aber mir gefällt der Austausch mit meinen Followern. Ich finde es spannend, was die Leute für Pilze finden und was sie mir schreiben. Sobald es beleidigend wird, und manchmal wird es sehr beleidigend, weiß ich, dass ein Video von mir mal wieder viral gegangen ist. Einige Leute scheinen wirklich sehr gefrustet zu sein in ihrem Leben. Denen kann ich nur raten, öfter mal in den Wald zu gehen und durchzuatmen.

Seitdem ich meine Ausbildung mache, komme ich selbst leider viel weniger dazu, im Wald durchzuatmen, vor allem im Winter, wenn es früh dunkel wird. Ich mache in Dresden eine Ausbildung zum Sozialassistenten. Ich möchte der nachwachsenden Generation Pilze und die Natur im Allgemeinen schmackhaft machen und mein Wissen weitergeben. Ich stell mir das so vor, dass ich als Waldpädagoge in Schulen Projekte anbiete, bei denen ich dann die Teilnehmenden ganz beiläufig mit dem Pilzvirus infiziere. Nach meiner Erfahrung ist das kinderleicht. Fast alle Kinder lieben den Wald. Fast alle Kinder sind interessiert, an den Dingen, die man im Wald finden oder die man dort erleben kann. Ob einem ein Rehkitz über den Weg springt oder ein dicker Maikäfer aus dem Boden krabbelt, alles ist faszinierend. Während meines Freiwilligen Sozialen Jahres in einer Kita bin ich mit einer Vorschulgruppe im Wald gewesen. Wir haben versucht, Vogelstimmen zu erkennen, Tierspuren gesucht und Bucheckern, Kastanien, Eicheln und natürlich Pilze gesammelt. Das Kind, vor dem mich der Erzieher im Vorfeld gewarnt hatte, weil es gerne sämtliche Veranstaltungen sprengte, war sehr interessiert und freute sich wie ich damals über die Pilznamen, die oft dadurch entstehen, wie die Pilze riechen, schmecken oder aussehen. Niedergedrückter Rötling, Brauner Ledertäubling oder der Gurkenschnitzling brachten dem Kind so viel Freude, dass seine Erzieher nur staunend danebenstanden. Dieses Kind hat mich auch auf die Idee gebracht, ein eigenes Pilzmemory zu basteln, was ich dann ständig mit der Vorschulgruppe gespielt habe. Dafür habe ich Rommékarten einfach mit meinen eigenen Pilz-Fotos überklebt.

Natürlich sind Pilze meine persönliche Faszination, mein Hobby. Und nicht jeder muss mein Hobby so toll finden wie ich. Aber wenn jemand durch meine Videos Lust bekommt, selber mal Pilze zu sammeln oder sein Interesse an der Fungiwelt geweckt wird, kann es ja nicht schaden. Obwohl es Millionen verschiedener Pilzarten gibt – und das schon seit über einer Milliarde Jahren, mit vermutlich Billionen von erstaunlichen Fähigkeiten – sind diese Organismen viel weniger erforscht als alle anderen Lebewesen. Im Biologiestudium befasst man sich vertieft mit Pflanzen und Tieren, nicht aber mit Pilzen. Darum braucht es uns Hobbymykologen, die nicht nur ständig influencen oder missionieren, sondern auch die Entdeckung und Erforschung von Pilzen vorantreiben.

DIE BELIEBTESTEN FEHLER

Zu alte oder zu junge Pilze mitnehmen

Es stehen immer wieder Leute mit alten, matschigen Pilzen vor meiner Tür, an denen sie nur den gröbsten Schimmel abgeschnitten haben. Alte Pilze zu sammeln, ist einer der größten und gleichzeitig auch häufigsten Fehler. Den Leuten ist oft nicht klar, dass Pilze vor allem aus Wasser und Eiweißen bestehen und deshalb leicht verderblich sind. Vielleicht, weil Pilze im Supermarkt beim Gemüse liegen und nur selten in der Kühlung. Aber sie gammeln wie Eier, Milch und Fleisch. Während der Alterung zersetzen sich ihre Proteine, das kann eine Pilzvergiftung hervorrufen, eine sogenannte Scheinpilzvergiftung mit heftigen Magen-Darm-Problemen. Scheinpilzvergiftung deshalb, weil nicht die Pilzart selbst die Vergiftung verursacht, sondern die Giftstoffe und Bakterien, die durch den Zersetzungsprozess freigesetzt worden sind. Selbst Kochen oder langes Braten kann diese Toxine nicht entfernen. Wir Pilzberater sprechen von einer sekundären Pilzvergiftung. Bei Röhrlingen wie Maronen oder Steinpilzen gibt es einen einfachen Test, um zu überprüfen, ob der Pilz schon zu alt ist: Einfach auf den Hut drücken. Entsteht eine Delle, ist der Pilz zu alt.

Sehr junge Pilze sollte man ebenfalls nicht mit nach Hause nehmen. Bei zu kleinen Exemplaren besteht eine höhere Verwechslungsgefahr mit giftigen Arten, weil die charakterlichen Merkmale wie Hutform, Lamellenstruktur oder Farbe weniger ausgebildet sind. Zu früh geerntet können Pilze auch keine Sporen freisetzen, was einen negativen Einfluss auf die Pilzpopulation hat. Außerdem schmecken zu junge Pilze nicht besonders gut, weil sie ihr Aroma erst mit dem Reifen entwickeln.

✋ Zu tief in den Wald reingehen

Auf meinen Pilztouren ist es manchmal so, dass die ganze Gruppe sich gleich am Anfang in alle möglichen Richtungen zerstreut. Kaum waren sie da, sind sie auch schon wieder weg. Alle preschen los in den Wald, ohne nach links und rechts zu gucken. Aus irgendeinem Grund denken viele Leute, die meisten Pilze würden sich im tiefsten, dunklen Wald vor ihnen verstecken. Je weiter weg von Wegen und Waldrändern, desto größer, so vermuten sie, die Ausbeute. Aber das ist falsch. Gerade an Wegrändern wachsen viele Pilze. Hier enden oft die Myzelien und bringen dort ihre Fruchtkörper hervor. Außerdem gibt es oft kleine Senken an Wegrändern, in denen die Feuchtigkeit länger hält. Gerade bei trockener Witterung ist man hier bei der Suche oft erfolgreicher. Auch Sonnenlicht und Wärme dringt weniger in die dichte Vegetation tief in den Wäldern als an die lichteren Ränder, wo die Vegetation noch aufgelockert ist. Man sagt, wenn man schon am Waldrand nichts findet, sieht es tiefer im Wald auch nicht besser aus.

✋ Im Naturschutzgebiet sammeln

Das erklärt sich von selbst. Aber viele Pilze stehen auch selbst unter Naturschutz und dürfen generell nicht gesammelt werden. Das gilt zum Beispiel für alle heimischen Trüffelarten. Für einige Pilzarten gibt es Ausnahmen, die unterliegen dann sogenannten Sammelbeschränkungen: Das gilt für Steinpilz-,

Birkenpilz-, Rotkappen-, Pfifferlings- und alle Morchelarten. Diese Pilze darf man nur in geringen Mengen für den persönlichen Bedarf sammeln, sagt die Bundesartenschutzverordnung. Die Menschen haben natürlich unterschiedliche Vorstellungen von den Mengen, die sie für ihren eignen Bedarf brauchen, aber mehr als zwei Kilo verputzt wohl niemand so ohne weiteres.

Zu schnell weitergehen

Da, wo ein Pilz ist, sind meistens noch mehr. Das liegt daran, dass das unterirdische Pilzmyzel sehr groß ist. Man muss sich das wie die Krone eines Apfelbaums vorstellen, die kleinen Verästelungen, an denen sich die Fruchtkörper entwickeln. An einem Apfelbaum hängt ja in der Regel auch mehr als ein Apfel. Wenn man einen Pilz gefunden hat, sollte man also in aller Euphorie nicht gleich weitergehen, sondern den Korb erst mal abstellen und sich genau umschauen. Es heißt, dass die Wurzel eines Baumes in etwa so groß ist, wie seine Krone. Symbiotische Pilze, wie Steinpilze, die eine Symbiose mit der Baumwurzel eingehen, können also im Umkreis des Umfangs einer Baumkrone gefunden werden.

Pilze waschen

Pilze verlieren ihr Aroma, wenn man sie wäscht. Man sollte sie stattdessen putzen. Das geht gut mit einem Pilzmesser, das eine Bürste hat. Damit kann man erst mal die Erde aus den Lamellen pinseln. Dann noch dreimal kräftig pusten und das Gröbste ist geschafft. Mit dem Messer kann man Schmutz gut vom Stiel schaben. Bei einigen Pilzarten, wie dem Perlpilz, aber auch bei Schmierröhrlingen und Täublingen lässt sich mit dem Messer auch gut die Huthaut abziehen. Vor allem bei Perlpilzen geht das wie von selbst.

✋ Pilze in Plastiktüten sammeln

Ein Klassiker unter den Anfängerfehlern ist es, Pilze in Plastiktüten oder Beuteln zu sammeln. Darin werden die empfindlichen Pilze gedrückt und die dadurch abgegebene Feuchtigkeit kann nicht entweichen. Das führt dazu, dass die Pilze matschig werden und noch schneller anfangen, sich zu zersetzen. Was die gleichen Folgen haben kann, wie das Sammeln zu alter Pilze: eine Lebensmittelvergiftung.

✋ Nur nach unten gucken

Beim Pilzesuchen nur den Boden zu scannen gehört ebenso zu den beliebtesten Fehlern. Manche Pilze wachsen an Baumstämmen, auf morschem Holz oder anderen höher gelegenen Stellen. Austernseitlinge können in einer Höhe von einigen Metern wachsen. Die Höhe ist ein Hinweis darauf, dass der Pilz an einem idealen Standort mit ausreichend Nährstoffen und Wärme wächst. Ein Blick nach oben lohnt sich also immer!

✋ Pilze mitnehmen, die man nicht sicher bestimmen kann

Einer der gefährlichsten Fehler ist es, unbekannte Pilze mitzunehmen oder gar auf gut Glück zu verzehren. Die Pilzwelt ist voller Doppelgänger: Essbare Arten und ihre tödlich giftigen Verwandten sehen sich oft ähnlich. Ohne sichere Bestimmung, sei es durch ein Buch oder einen Experten, sollte man auf keinen Fall etwas essen, das man nicht kennt.

Müll im Wald hinterlassen

Ein absolutes No-Go beim Pilzesammeln, und generell bei Wald- und Parkspaziergängen, ist das Hinterlassen von Müll. Das Hinterlassen von Müll im Wald klingt in normalen Ohren vielleicht nach „Kaugummipapier aus Versehen fallengelassen" oder „die Bananenschale verloren und nicht wieder aufgehoben". Aber es gibt Menschen, die hinterlassen Müll auf andere Weise. Im großen Stil wird der Müll in den Wald gekarrt und von Hängern abgelassen oder in großen Mülltüten zwischen den Bäumen entsorgt. Für den Fall, dass es Menschen gibt, die bisher wirklich nur bis zu ihrem Müll gedacht haben und nicht weiter, und auch für diejenigen, die gerne Pilze sammeln und denken, ihre eine Getränkedose macht den Kohl nicht fett und den Wald nicht schmutziger, als er eh schon ist: Jeder Müll tut dem Wald weh und belastet die Umwelt, alle Lebewesen, das ganze Ökosystem und natürlich auch Pilzbiotope.

Stellen verraten

Ich werde oft gefragt, ob ich meine Pilzstellen verraten kann. Natürlich verrät man sie eigentlich nicht. Das wäre ein Fehler, weil viele Pilze standorttreu sind, das heißt, sie wachsen immer wieder an der gleichen Stelle. Verrät man Orte, an denen man Steinpilze oder Austernseitlinge gefunden hat, besteht die Gefahr, dass im nächsten Jahr jemand schneller dort war als man selbst. Ich verrate viele Stellen trotzdem. Es geht nicht anders, wenn ich Pilztouren anbiete, weil ich natürlich mit den Leuten irgendwohin gehe, wo Pilze zu erwarten sind. Aber da es sich bei diesen Gruppen meistens nicht um versierte Pilzsammlerinnen und Pilzsammler handelt, sondern um Anfängerinnen und Anfänger, finden sie die Stellen in der Regel nicht wieder. Ich dreh mit der Gruppe zur Sicherheit noch zwei, drei Kreise, so dass sie sich nicht gut an den Ort erinnern können – und bin dann im kommenden Jahr meistens wieder der einzige Glückspilz bei den entsprechenden Fundorten. Meine zuverlässigen Fundstellen habe ich mir über Jahre ersucht und erfunden. Für mich gehören sie auch zu meinen Fungi Fridays. Ich liebe es, die mir bekannten Orte für Steinpilze oder Austernseitlingen abzuklappern. Ich bin also genauso standorttreu wie meine Pilze. Oft werde ich gefragt, ob ich mich in Sachsen wohlfühle und für immer hierbleiben will. Ich mag Sachsen. Es gibt hier viele unterschiedliche Landschaften. Sie sind für mich vertrautes Gebiet. Ich weiß genau, wo ich welche Pilzarten zum ersten Mal gefunden habe, den Klapperschwamm in Pulsnitz zum Beispiel, in der Dresdener Heide Toten-Trompeten, in der Nähe von Seifersdorf und Lomnitz, wo der Boden sandiger ist, Habichtspilze und Graustieltäublinge unter den Kiefern. Das ist mein Zuhause, aber wenn die Unzufriedenheit, die Intoleranz und das Gemeckere noch weiter zunehmen, wird es für mich schwierig hierzubleiben. Dabei haben wir es so schön hier. Vielleicht zieh ich also eines Tages weg und muss woanders Fungi Friday machen – so wie die Austernseitlinge, die ich eines Tages nicht mehr am angestammten Baum fand, weil sie umgezogen waren – einen Baum weiter.

Die Orientierung verlieren

Manchmal sieht man im Wald den Wald vor lauter Bäumen nicht mehr. Es passiert schnell, dass man als ungeübter Pilzsammler die Orientierung verliert. Einmal zu viel umgedreht und dabei vielleicht noch auf den Boden geguckt, und schon weiß man nicht mehr, ob man von links kam oder nach rechts muss. Es ist hilfreich, sich auffällige Bäume oder Lichtungen zu merken. Mir kommt es manchmal vor wie beim Snooker, der Billardvariante, eine meiner anderen Leidenschaften. Man muss den nächsten Stoß bzw. die nächsten Abzweigungen immer im Blick behalten und sich die Umgebung gut einprägen. Wer die Orientierung schon etwas verloren hat, sollte nicht mehr so viele Abzweigungen nehmen, sondern versuchen, geradeaus zu laufen.

Abschneiden

Wenn es bei der Frage abschneiden oder rausdrehen tatsächlich etwas falsch zu machen gibt, dann eher beim Abschneiden als beim Rausdrehen. Auch wenn noch so viele Leute sagen, man müsse Pilze immer abschneiden. Nein. Manche Merkmale eines Pilzes findet man nur an seiner Stilbasis. Zur Bestimmung ist es daher manchmal zwingend notwendig, den ganzen Pilz zu sehen und ihn rauszudrehen.

Glauben, was man sich erzählt

Auch das kann ein Fehler sein und sogar gefährlich werden. Man muss wirklich nicht immer alles glauben, was einem erzählt wird. Zum Beispiel nicht, dass Pilze, die von Schnecken angefressen werden, nicht giftig sind. Das ist nicht wahr. Im Gegenteil, Schnecken mögen sogar ganz gerne Giftpilze, denn Schnecken sind ja ganz anders aufgebaut als wir. Auch stimmt es nicht, dass man einfach nur einen Silberlöffel in einen Kochtopf hängen muss, um herauszufinden, ob giftige Pilze mitgekocht wurden. Wird er schwarz, so hüte dich vor dieser Mahlzeit. Bleibt er hell, so lass es dir schmecken. Es ist auch ein Märchen, dass alle Pilze, die auf Feldern oder an lebenden Bäumen gefunden werden, generell essbar sind, oder dass junge Pilze weniger giftig sind als ausgewachsene. Und auch wenn man die Huthaut abzieht, hat man kein Gift entfernt. Ebenso wenig sind alle schleimigen Pilze oder Pilze, die auf Mist wachsen, giftig. Es gibt vielerlei Dinge, die man sich über Pilze erzählt, aber nur eine Sache stimmt: Das Fungireich ist viel zu groß, divers und unergründlich, als dass man irgendeiner Verallgemeinerung trauen könnte.

Schuppiger Porling
(Polyporus squamosus)

Maipilz
(Calocybe gambosa)

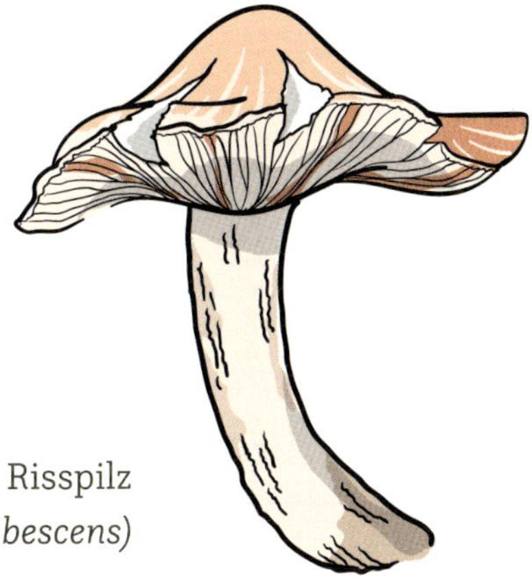

Ziegelroter Risspilz
(Inocybe erubescens)

Ziegeroter Schwefelkopf
(Hypholoma sublateritum)

Spitzmorchel
(Morchella elata)

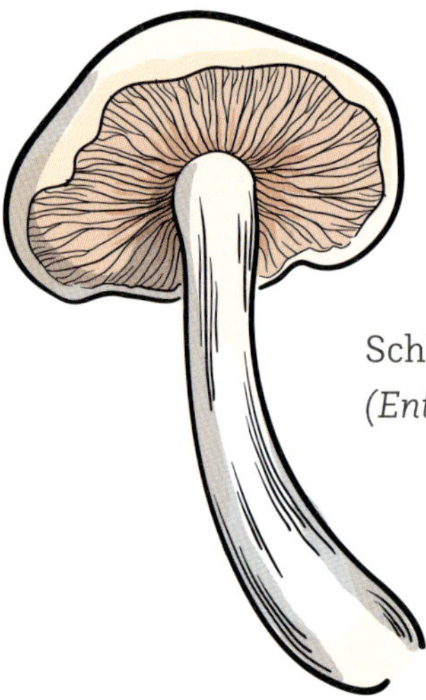

Schlehenrötling
(Entoloma sepium)

Böhmische Verpel
(Verpa bohemica)

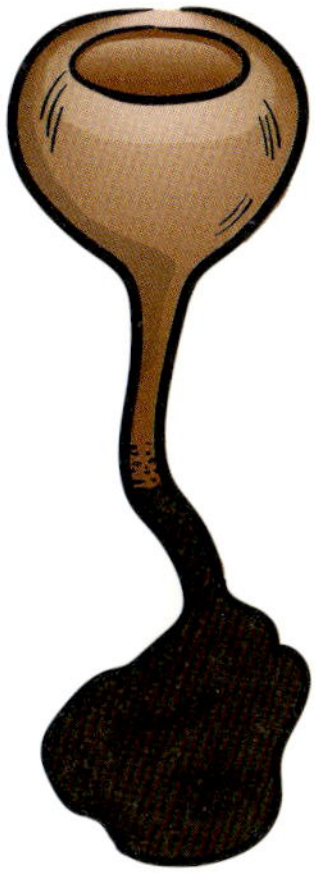

Anemonenbecherling
(Dumontinia tuberosa)

Fichtenzapfenrübling
(Strobilurus esculentus)

Fichtenzapfenhelmling
(Mycena strobilicola)

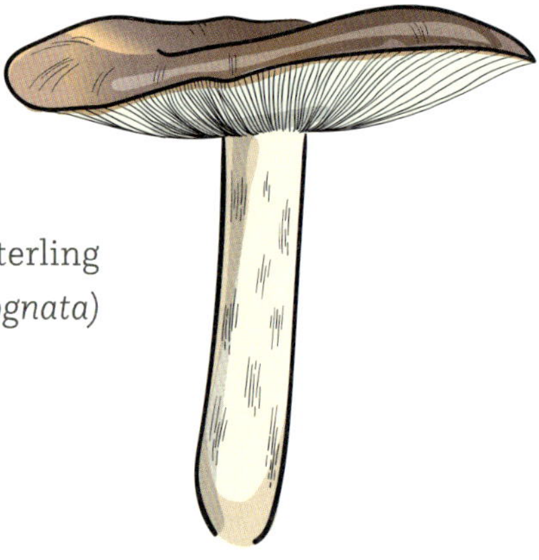

Frühlingsweichritterling
(Melanoleuca cognata)

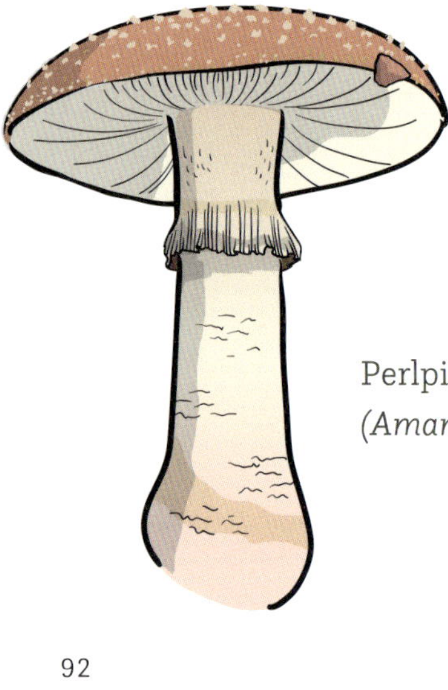

Perlpilze
(Amanita rubescens)

Grauer Wulstling
(Amanita excelsa)

Frauentäubling
(Russula cyanoxantha)

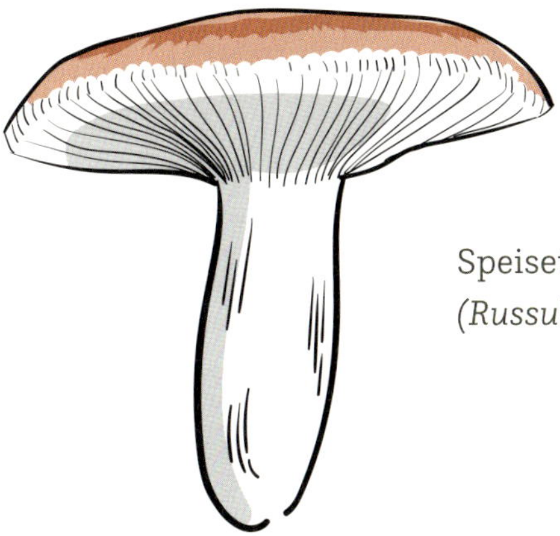

Speisetäubling
(Russula vesca)

Stinkmorchel
(Phallus impudicus)

Pfefferröhrling
(Chalciporus piperatus)

Rehbrauner Dachpilz
(Pluteus cervinus)

Hainbuchenröhrling
(Leccinum griseum)

Schwefelporling
(Laetiporus sulphureus)

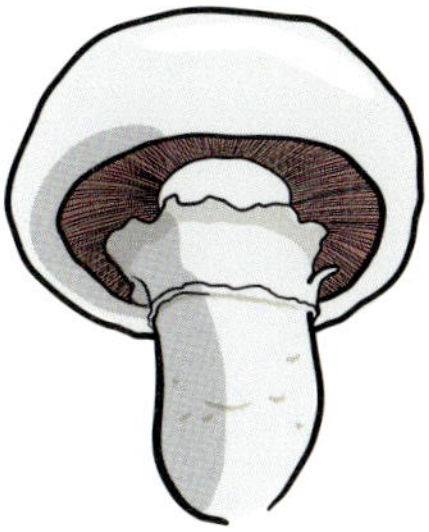

Stadtchampignon
(Agaricus bitorquis)

Samtfußkrempling
(Tapinella atrotomentosa)

Sommersteinpilz
(Boletus reticulatus)

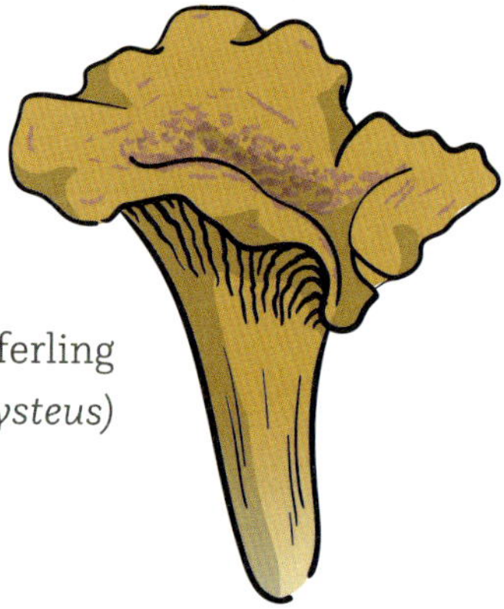

Amethystschuppiger Pfifferling
(Cantharellus amethysteus)

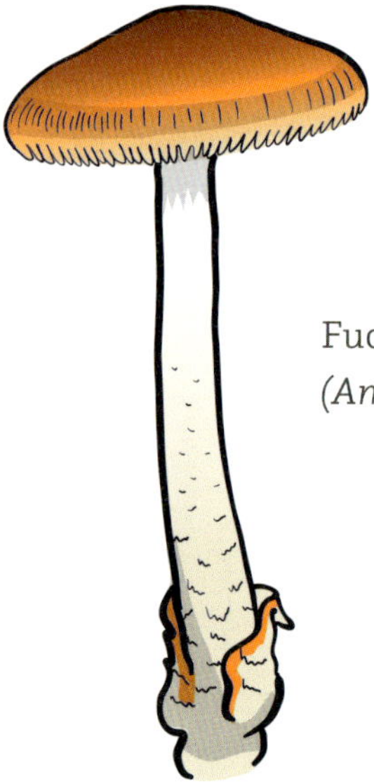

Fuchsiger Scheidenstreifling
(Amanita fulva)

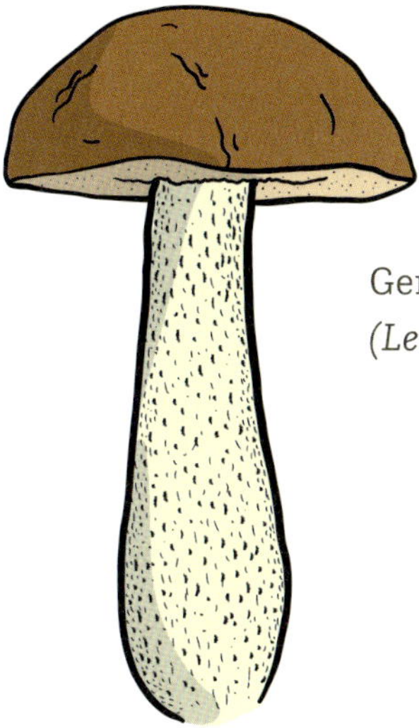

Gemeiner Birkenpilz
(Leccinum scabrum)

Espenrotkappe
(Leccinum leucopodium)

Faltentintling
(Coprinopsis atramentaria)

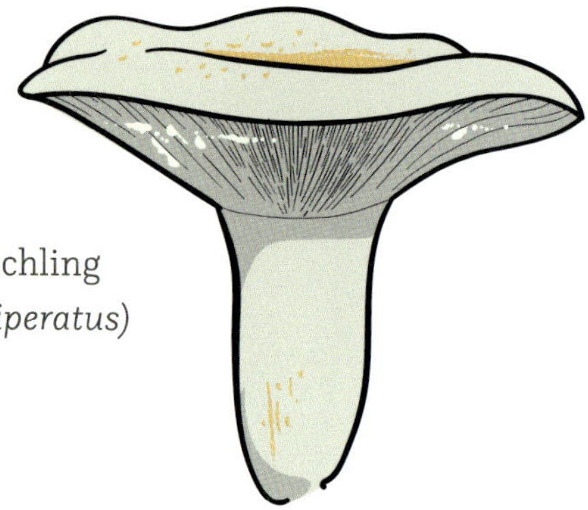

Pfeffermilchling
(Lactarius piperatus)

Blutroter Röhrling
(Hortiboletus rubellus)

Brennender Rübling
(Collybiopsis peronata)

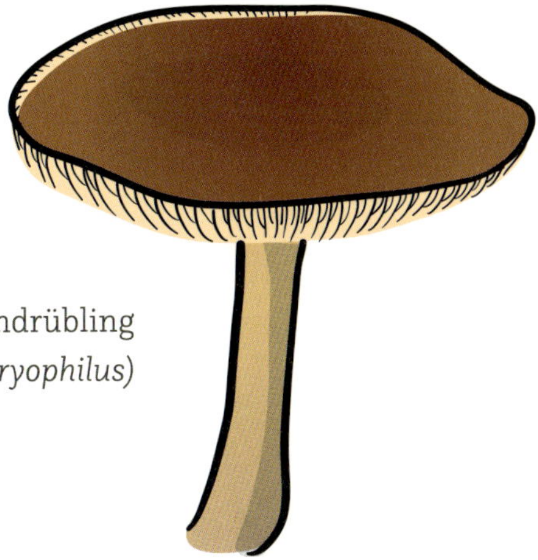

Waldfreundrübling
(Gymnopus dryophilus)

Dickschaliger Kartoffelbovist
(Scleroderma citrinum)

Wiesenbovist
(Lycoperdon pratense)

Schmarotzerröhrling
(Pseudoboletus parasiticus)

Grüngefelderter
Täubling
(Russula virescens)

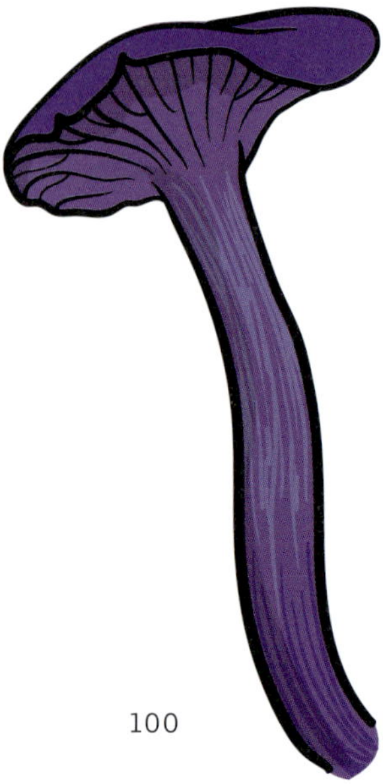

Violetter Lacktrichterling
(Laccaria amethystina)

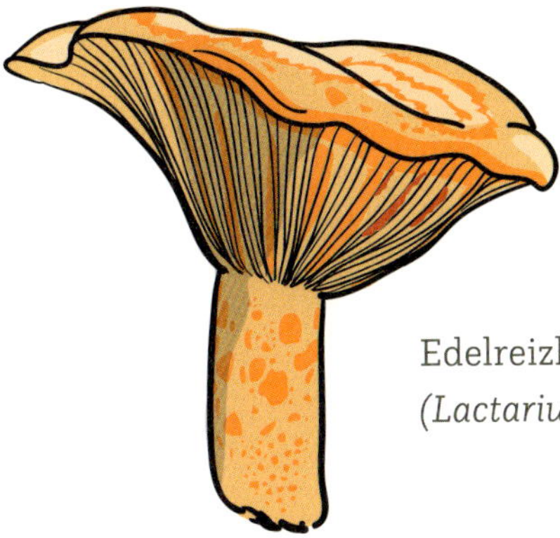

Edelreizker
(Lactarius deliciosus)

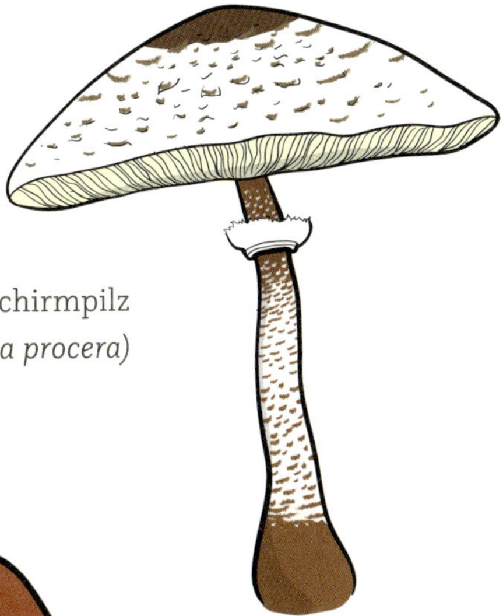

Riesenschirmpilz
(Macrolepiota procera)

Maronenröhrling
(Imleria badia)

Fichtensteinpilz
(Boletus edulis)

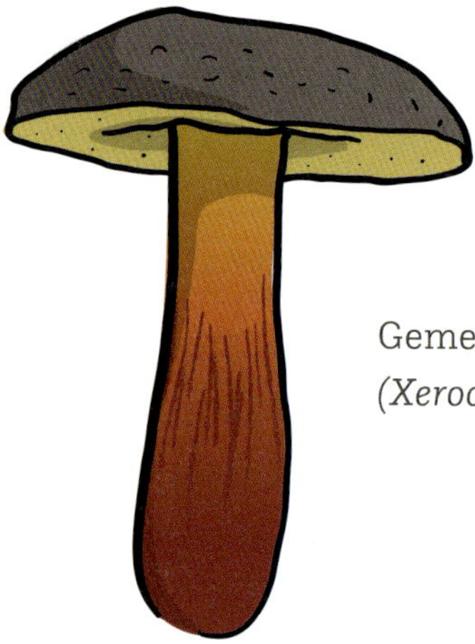

Gemeiner Rotfußröhrling
(Xerocomellus chrysenteron)

Schopftintling
(Coprinus comatus)

Flockenstieliger Hexenröhrling
(Neoboletus erythropus)

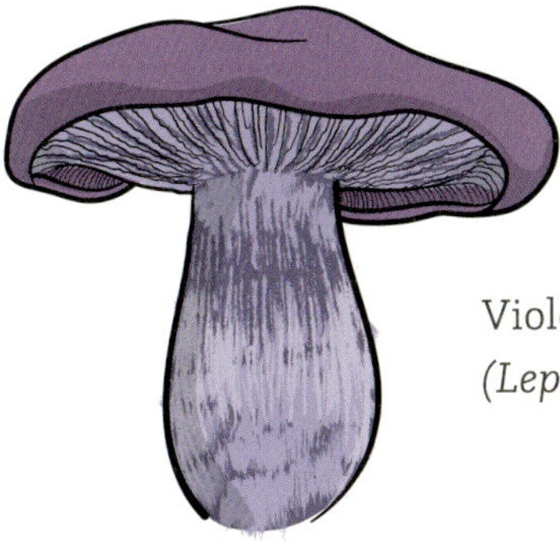

Violetter Rötelritterling
(Lepista nuda)

Austernseitling
(Pleurotus ostreatus)

Speisemorchel
(Morchella esculenta)

Grüner Knollenblätterpilz
(Amanita phalloides)

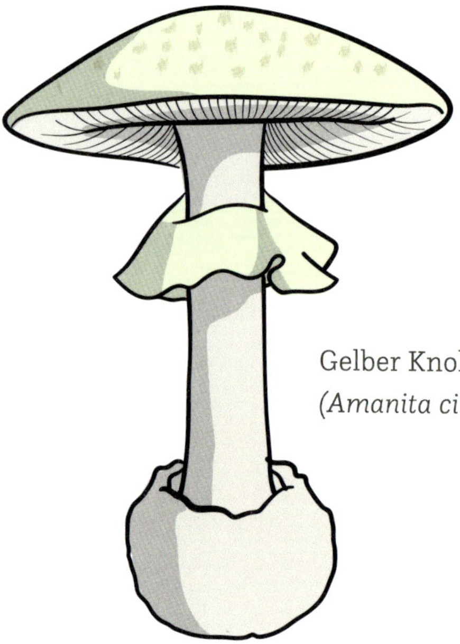

Gelber Knollenblätterpilz
(Amanita citrina)

Spitzgebuckelter Raukopf
(Cortinarius rubellus)

Orangefuchsiger Raukopf
(Cortinarius orellanus)

Fliegenpilz
(Amanita muscaria)

Feldtrichterling
(Clitocybe dealbata)

Gifthäubling
(Galerina marginata)

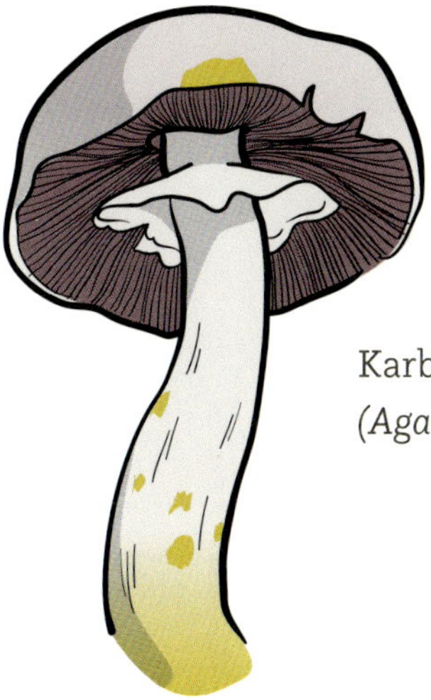

Karbolchampignon
(Agaricus xanthodermus)

Zimtfarbener Weichporling
(Hapalopilus rutilans)

Pantherpilz
(Amanita pantherina)

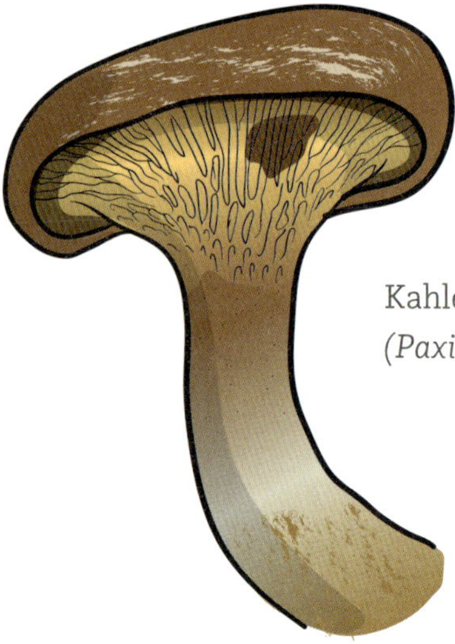

Kahler Krempling
(Paxillus involutus)

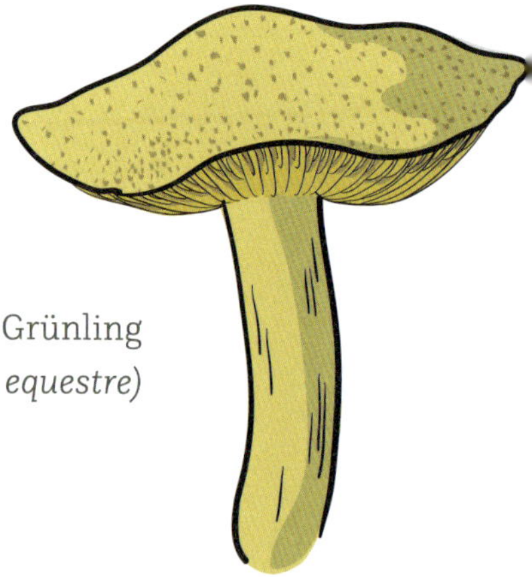

Grünling
(Tricholoma equestre)

Frühjahrslorchel
(Gyromitra esculenta)

Klapperschwamm
(Grifola frondosa)

Goldröhrling
(Suillus grevillei)

Krause Glucke
(Sparassis crispa)

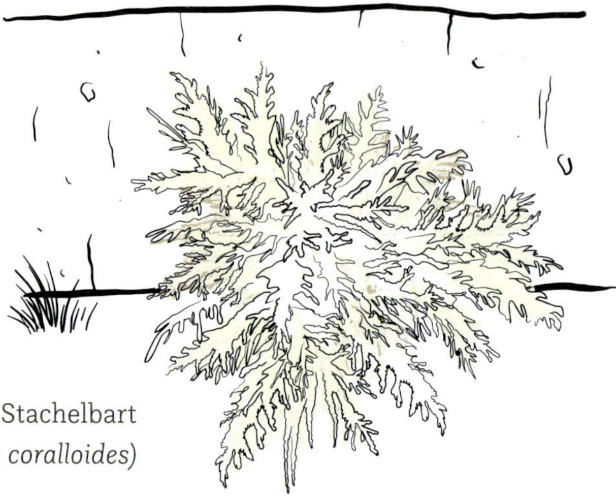

Ästiger Stachelbart
(Hericium coralloides)

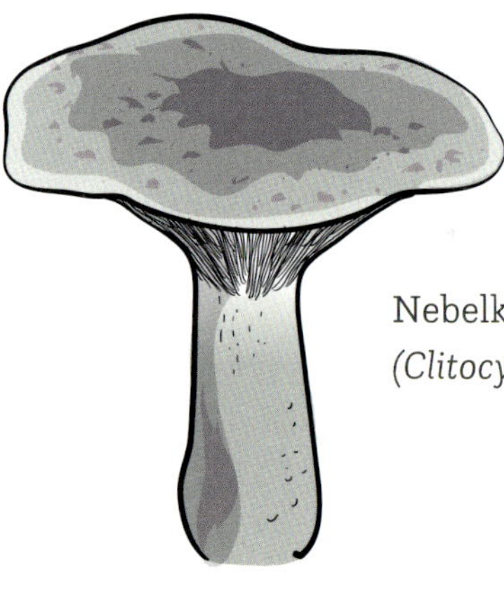

Nebelkappe
(Clitocybe nebularis)

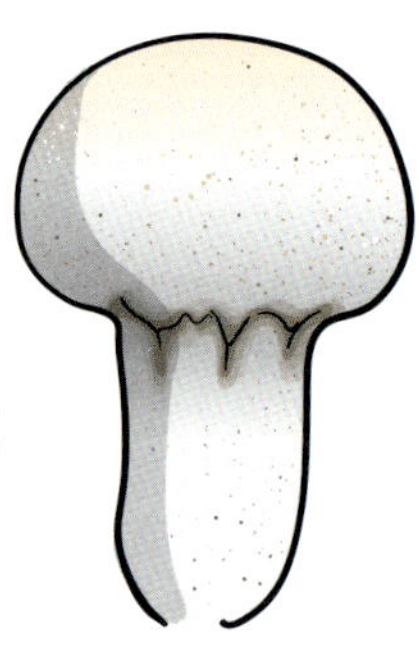

Beutel-Stäubling
(Lycoperdon excipuliforme)

Habichtspilz
(Sarcodon imbricatus)

Stockschwämmchen
(Kuehneromyces mutabilis)

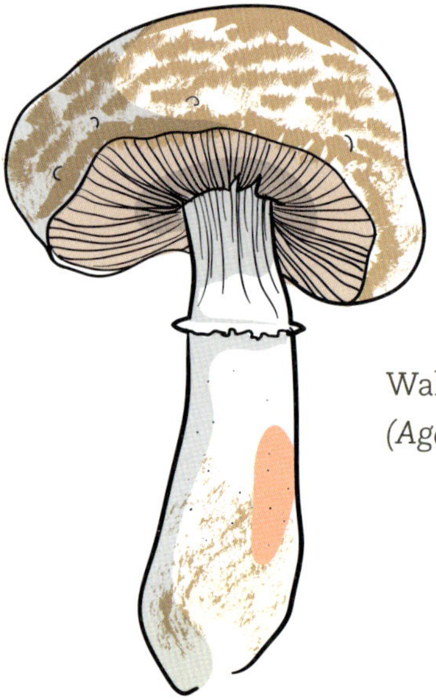

Waldchampignon
(Agaricus silvaticus)

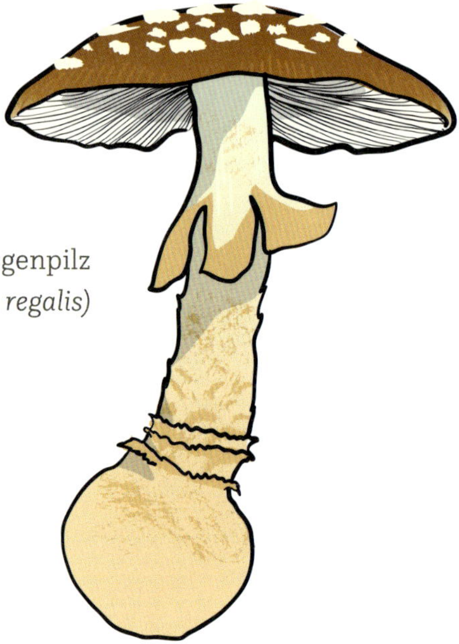

Brauner Fliegenpilz
(Amanita regalis)

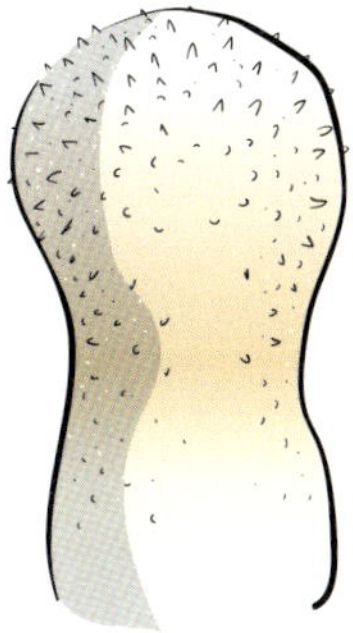

Flaschen-Stäubling
(Lycoperdon perlatum)

Schwefelritterling
(Tricholoma sulphureum)

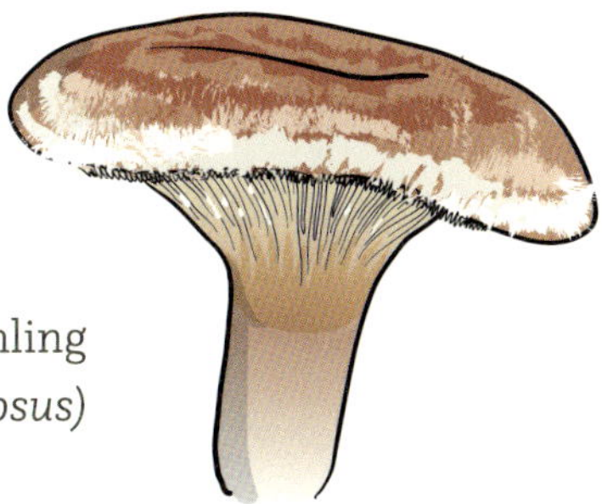

Zottiger Birkenmilchling
(Lactarius torminosus)

Safranschirmling
(Chlorophyllum rhacodes)

Ziegenlippe
(Xerocomus subtomentosus)

Grünblättriger
Schwefelkopf
(Hypholoma fasciculare)

Rauchblättriger
Schwefelkopf
(Hypholoma capnoides)

Rosa Rettichhelmling
(Mycena rosea)

Dehnbarer Helmling
(Mycena epipterygia)

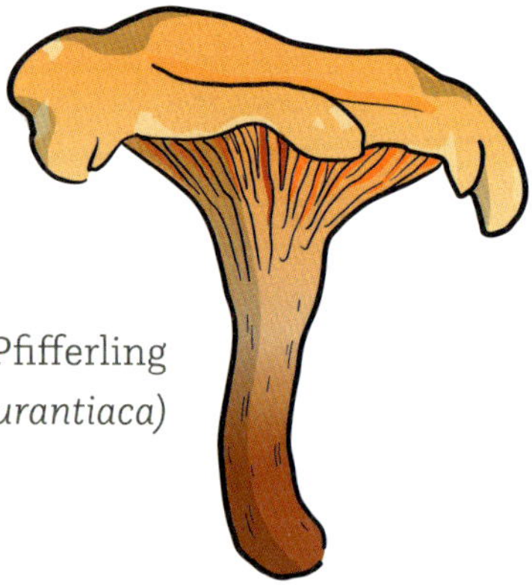

Falscher Pfifferling
(Hygrophoropsis aurantiaca)

Horngrauer Rübling
(Rhodocollybia asema)

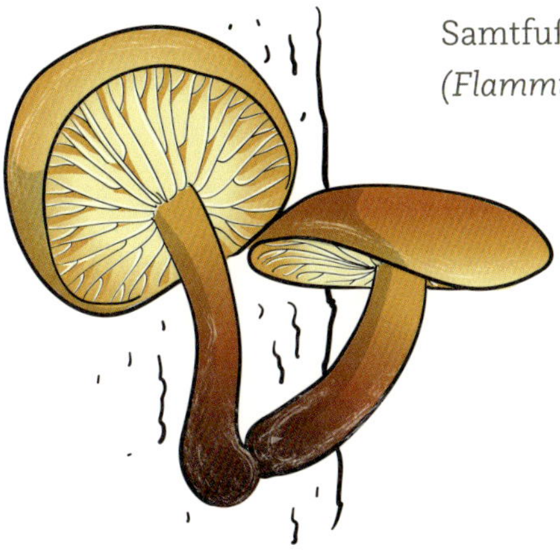

Samtfußrübling
(Flammulina velutipes)

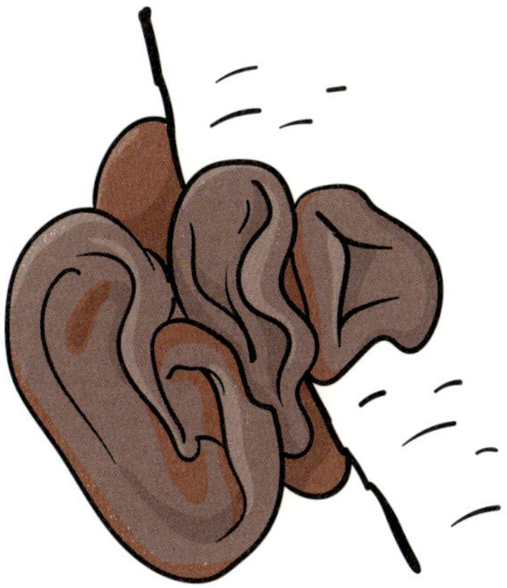

Judasohr
(Auricularia auricula-judae)

Gelbstieliger
Muschelseitling
(Panellus serotinus)

Winterhelmling
(Mycena tintinnabulum)

Goldgelber Zitterling
(Tremella mesenterica)

Warziger Drüsling
(Exidia glandulosa)

Chaga
(Inonotus obliquus)

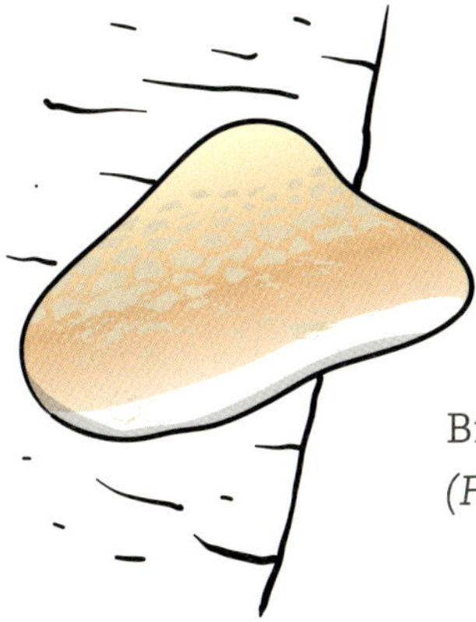

Birkenporlinge
(Fomitopsis betulina)

Schmetterlingstramete
(Trametes versicolor)

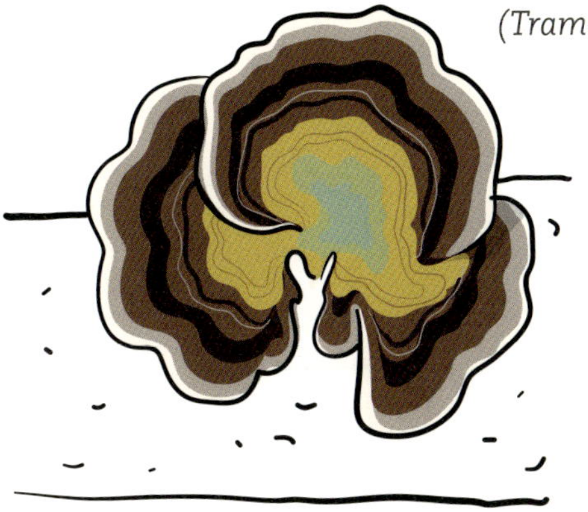

OPINEL

ESSBAR ODER GIFTIG?

PILZE, DIE DU TODSICHER ESSEN KANNST ... ODER NICHT!

Mein erstes Referat musste ich in der 4. Klasse halten. Und ratet mal, worüber ich das gehalten habe! Klar, über Pilze natürlich. Die Erwartungen waren hoch, weil ich schon in diesem Alter immer über Pilze geredet habe. Allerdings kam ich mit der Zeitvorgabe etwas durcheinander und schaffte es nur bis zum im Dunkeln leuchtenden Ölbaumpilz und den Unterschieden zwischen giftig, ungenießbar und essbar. Alles andere wie Ökologie und Lebensweise hatte ich ziemlich abgekürzt oder besser gesagt gleich ganz unter den Tisch fallen lassen. Meine Lehrerin war ein bisschen unzufrieden, dabei habe ich doch, wie ich heute weiß, die wesentlichen Fragen beantwortet. Wenn sie wüsste, wie oft ein Pilzberater die Frage hört: Sind ungenießbare Pilze giftig?

Also, ein essbarer Pilz kann ohne gesundheitliche Bedenken gegessen werden und schmeckt auch. Allerdings verträgt nicht jeder Mensch jeden Pilz. Viele Menschen vertragen zum Beispiel keinen Butterpilz oder Shiitake. Das ist sehr individuell. Deshalb sollte man Pilze, wenn man sie das erste Mal isst, immer einzeln zubereiten und testen. Wenn man sich gleich die gesamte Mannschaft an gefundenen Pilzen in die Pfanne haut, weiß man beim nächsten Mal nicht, welcher Pilz einem nicht gut bekommen ist.

Ungenießbar heißt ungenießbar. Es kann bedeuten, dass der Pilz einen unangenehmen Geschmack hat, gerade bei Milchlingen und Täublingen gibt es viele bitter und scharf schmeckende Varianten. Ein gutes Beispiel ist auch der Gallenröhrling, der zwar essbar ist, aber so bitter schmeckt, dass er ungenießbar ist. Gelingt es nur einem Gallenröhrling in die Steinpilzpfanne, kann man eigentlich das ganze Essen entsorgen. Ungenießbar kann aber auch heißen, dass der Pilz einfach nach nichts schmeckt oder zu winzig ist und bei der Zubereitung verschwinden würde, oder dass er zu zäh, hart oder schleimig ist. Ungenießbare Pilz möchte oder kann man schlicht nicht essen, aber giftig sind sie nicht.

In unseren Wäldern gibt es eigentlich nur ungefähr 15 wirklich richtig giftige Arten. Ein giftiger Pilz enthält toxische Substanzen, die bei Verzehr zu Vergiftungen führen können. Diese reichen von leichten Magen-Darm-Beschwerden über Muskelbeschwerden bis hin zum tödlichen Leberversagen. Gifte wird man in den meisten Fällen auch durch langes Garen oder Braten nicht los. Manchmal kommt es bereits kurz nach dem Essen zu Symptomen, aber etliche Pilzgifte wirken auch stark verzögert oder auch erst, wenn man die Pilze öfter gegessen hat oder nur, wie beim Faltentintling, wenn man Alkohol dazu – oder auch erst drei Tage später – trinkt. Deshalb werden auch immer noch neue Gifte entdeckt, weil man einige Vergiftungssymptome bisher gar nicht mit Pilzen in Verbindung gebracht hat. Das Gift im Orangefuchsigen Raukopf verursacht erst Wochen nach dem Essen einen schweren Nierenschaden. Beim Grünen Knollenblätterpilz ist es ebenfalls trügerisch. Symptome wie Übelkeit und Erbrechen treten erst ungefähr einen Tag nach dem Verzehr auf, anschließend erholt man sich und scheint gesund, aber der Leberschaden schreitet unaufhaltsam voran.

TODSICHER ESSBAR

Wenn du neu im Pilzuniversum bist, kann das Suchen im Wald ganz schön einschüchternd sein – schließlich will niemand mit einem giftigen Doppelgänger nach Hause kommen. In diesem Kapitel stelle ich dir ausschließlich Pilze vor, die sich eindeutig bestimmen lassen, die keine gefährlichen Verwechslungspartner haben und die garantiert essbar sind. Sie sind sozusagen die Einsteigerklassiker unter den Speisepilzen: verlässlich, köstlich – und todsicher genießbar.

EDELREIZKER

(Lactarius deliciosus)

Sommer bis Spätherbst Der Edel-Reizker ist ein orangefarbener Pilz. Wenn man seine Lamellen ankratzt, dann tritt eine Milch aus, die auch orange ist, sich aber an der Luft blutrot verfärbt. Er gehört zu den Milchlingen. Das bedeutet, dass eine Art Milch austritt, sobald der Fruchtkörper verletzt wird. Die Farbe der Milch kann dabei farblos, weiß, orange, rot oder violett sein. TIPP: Alle Reizker bei denen orangefarbene Milch austritt sind essbar.

Um den wirklich sehr guten Speisepilz zu finden, lohnt es sich immer, unter Kiefern zu schauen, wo sich sowieso oft sehr gute Speisepilze finden. Es gibt weitere Reizkerarten, zum Beispiel den Fichtenreizker (unter Fichten suchen) oder den Lachsreizker (vor allem bei Weißtannen zu finden). ➔ **S. 101**

Hut: orange, rötlich bis braunrot, mit samtiger Oberfläche.
Lamellen: Weiße bis cremefarbene Lamellen, die beim Ankratzen „bluten".
Stiel: zylindrisch, rotbraun bis orange.
Fleisch: fest, mit süßlichem Geschmack.
Geruch: süßlich, fruchtig.
Wo: unter Kiefern.

RIESENSCHIRMPILZ

(Macrolepiota procera)

Frühsommer bis Spätherbst Der Riesenschirmpilz wird auch Parasol genannt und ist, wie sein Name verrät – recht groß. Der hat ein ganz wichtiges Merkmal am Stiel. Das ist seine Maserung, die Natterung genannt wird. Außerdem hat er einen Ring am Stiel. Es ist wichtig, dass sich der Ring hoch und runter schieben lässt. Das ist ein wichtiges Unterscheidungsmerkmal zu nicht essbaren Pilzen. Auf dem Hut hat er kleine bis größere Schüppchen. Die müssen vor der Zubereitung nicht weggerubbelt werden, wie es bei vielen anderen Pilzen der Fall ist. Ausgewachsene Schirmpilze kann man ganz einfach wie ein Schnitzel panieren, schmeckt ein bisschen nussig und fleischig. Der Stiel ist aber relativ zäh. Den muss man aber deshalb nicht wegschmeißen, sondern kann ein aromatisches Pilzpulver daraus herstellen. ➔ **S. 101**

Hut: schirmartig, braun bis beige mit weißen, flauschigen Hutschuppen.
Lamellen: freistehend und dicht, weißlich, später gräulich.

Stiel: lang, dünn, weiß, mit charakteristischer Natterung und einer großen, weißen, hängenden Manschette.
Fleisch: weiß, fest und schmeckt mild bis nussig.
Geruch: nussig.
Wo: Mischwälder, Lichtungen, Waldränder, Wiesen.

MARONENRÖHRLING

(Imleria badia)

Herbst Der Maronenröhrling ist einer der beliebtesten und meistgesammelten Speisepilze. Viele Leute fühlen sich bei Maronen sicher, weil sie gehört haben, dass es unter den Röhrlingen, also Pilzen mit einer Art Schwamm unter dem Hut statt Lamellen, keine giftigen Arten gibt. Es gibt zumindest keine tödlich giftigen Arten, das stimmt. Bei Röhrlingen sollte man sich aber den Stiel genauer ansehen. Alle Röhrlinge ohne Netzzeichnung am Stiel, die auf Druck blau werden, sind essbar. Röhrlinge mit Netzzeichnung können auch ungenießbar sein. Steinpilze und der Netzstielige Hexenröhrling sind essbare Pilze mit Netzzeichnung. Stolz werden im Herbst körbeweise Maronen aus den Wäldern getragen. Da nehmen die Leute alles mit, was noch irgendwie nach Marone aussieht. Leider sehe ich sehr oft viel zu alte und sogar schimmelige Exemplare in den Körben. Das kann wirklich böse Vergiftungserscheinungen hervorrufen. Ein einfacher Trick, um zu sehen, ob die Marone schon zu alt ist: Man drückt auf den Hut. Lässt er sich eindrücken und bleibt eine Delle zurück, ist er definitv zu alt. → **S. 101**

Hut: kastanienbraun, mit einer samtigen Oberfläche.
Röhren: gelb, im Alter oliv, bei Druck blau werdend.

Stiel: zylindrisch und beige-braun.
Fleisch: fest, mit einem angenehmen Geschmack.
Geruch: pilzig, angenehm.
Wo: Nadelwald, saurer Boden.

FICHTENSTEINPILZ

(Boletus edulis)

Frühsommer bis Spätherbst Der Fichten-Steinpilz ist ein richtig guter Speisepilz. Besonders gern wird er von Anfängern gesammelt, weil er sich einfach erkennen lässt, keine gefährlichen Doppelgänger hat und richtig gut schmeckt. Oft sind Steinpilze von Maden befallen, aber in manchen Jahren kommt Madenbefall auch kaum vor. Das ist immer unterschiedlich und nicht vorherzusehen, warum Maden mal mehr mal weniger Lust auf Steinpilze haben. Bei Menschen steht er jedes Jahr hoch im Kurs. Sogar roh ist der Pilz essbar. ➔ **S. 102**

Hut: hellbraun bis dunkelbraun, Rand meist weiß.
Röhren: weißlich, gelblich, bräunlich bis olivgrün.
Stiel: Dick, mit einem feinen weißen Netzmuster im oberen Bereich, später wird es bräunlich.
Fleisch: Fest und weiß, unter der Huthaut rotbräunliche Zone, verfärbt sich nicht im Schnitt.
Geruch: pilzig, angenehm.
Wo: unter Fichten und Buchen meistens, aber auch unter anderen Bäumen.

GEMEINER ROTFUSSRÖHRLING

(Xerocomellus chrysenteron)

Frühsommer bis Herbst Der Rotfußröhrling wächst schon früh im Sommer sehr häufig und gerne in lichten Wäldern. Man erkennt ihn gut an seinem rötlich gefärbten Stiel. Seine Kappe ist meist ockerfarben bis braun, leicht samtig und bei Regen etwas klebrig, aber nie schmierig. Er schmeckt etwas säuerlich. Rotfußröhrlinge sind öfter mit Goldschimmel befallen, darauf sollte man achten. ➔ **S. 102**

Hut: bräunlich, samtig, später leicht aufgerissen.
Röhren: gelb bis grünlich.
Stiel: rötlich, punktiert.
Fleisch: gelblich, manchmal blau verfärbend.
Geruch: pilzig, etwas säuerlich.
Wo: in Laub- und Nadelwäldern, Gärten und Parks ohne besondere Bodenansprüche.

SCHOPFTINTLING

(Coprinus comatus)

Frühling bis Spätherbst Schopftintlinge haben sich die Auszeichnung Pilz des Jahres 2024 wirklich verdient. Von mir aus könnten sie auch zum Pilz des Jahrhunderts gekürt werden. Alles an diesem Pilz ist erstaunlich, angefangen beim Hut, der sich auflöst und zu Tinte zerfließt, mit der schon vor über 300 Jahren geschrieben wurde, über seinen Stiel, der an Spargel erinnert, weshalb man ihn auch Spargelpilz nennt, zu den unterirdischen Hyphen, die kleine Dornenkugeln bilden, mit denen sie Fadenwürmer fangen und lähmen, um sich anschließend in sie reinzubohren und aufzuessen, bis hin zu seinen inneren Werten. Der Schopftintling besitzt Inhaltsstoffe, da sollen Diabetesmittel einpacken können. Deshalb stehen Coprinuskapseln zurzeit hoch im Kurs und können in diversen Shops gekauft werden. Als Pilz und umsonst findet man den Schopftintling an Wald- und Wegrändern und sehr häufig auf Wiesen und Halden, auch im Sand oder Schutt kommen sie raus. Man sollte ihn wirklich nur jung essen, denn innerhalb weniger Stunden fängt er an, in die Autolyse überzugehen, quasi in die Selbstauflösung. Bitte immer nur geschlossene Exemplare mitnehmen, die außen und innen reinweiß sind. ➔ **S. 102**

Hut: hoher, weißer Zylinder mit einer charakteristischen „Schopfform".
Stiel: weiß und zylindrisch, hohl, glatt.
Lamellen: Freistehend, anfangs weiß, werden später rosa und schwarz, zerfließen dann zu Tinte.
Fleisch: Zart und weiß, solange er jung ist.
Geruch: pilzig, unauffällig.
Wo: Weniger im Wald zu finden, eher an Waldrändern, in Parks, auf Wiesen.

FLOCKENSTIELIGER HEXENRÖHRLING

(Neoboletus erythropus)

Frühling bis Spätherbst Man sollte sich vom Hexenröhrling wirklich nicht verunsichern lassen. Er steht da mit seinem rotgeflockten Stiel und den roten Poren unter seinem braunen Hut und blaut wie wild, sobald man ihn verletzt, aber er ist mit seiner festen Konsistenz ein hervorragender Speisepilz. Nicht wenige Leute halten ihn sogar für den besseren Steinpilz. Hexenröhrlinge gehören zu den ersten größeren Röhrlingen, die man in der Pilzsaison findet. Ab Mai gehts los. Ich denke, was die meisten Leute vom Sammeln des Hexenröhrlings abhält, ist die Angst, ihn mit dem Satansröhrling zu verwechseln. Meiner Meinung nach ist diese Angst unbegründet. Abgesehen davon, dass der Satansröhrling gar nicht so extrem giftig ist, wie man glaubt – es gibt keine tödlichen Vergiftungsfälle und es gibt sogar Menschen, die ihn vertragen und überhaupt keine dieser heftigen Magen-Darm-Probleme haben, die er auslösen kann – kommt er sehr selten vor und sieht auch sehr anders aus als der Hexenröhrling. Im Gegensatz zur Hexe hat der Satan einen kalkweißen Hut und ein Netz am Stiel. Viel häufiger kann man den Hexenröhrling mit dem Schönfußröhrling verwechseln, der im gleichen Habitat wächst. Allerdings hat der Schönfußröhrling eine gelbe Hutunterseite, einen grau-weißlichen Hut und ebenfalls ein Netz am Stiel. ➔ **S. 103**

Hut: dunkelbraun, matt bis samtig, leicht gewölbt.
Röhren: Gelb, die Porenmündungen am Ende sind rot, laufen bei Druck intensiv blau an.
Stiel: gelblich, rötlich, bräunlich mit auffälligen roten Flocken.
Fleisch: Gelb, färbt sich bei Verletzung schnell tiefblau.
Geruch: mild, leicht erdig.
Wo: Nadelwälder und Laubwälder, besonders in der Nähe von Fichten und Buchen.

VIOLETTER RÖTELRITTERLING

(Lepista nuda)

Herbst bis Winter Alles an diesem Pilz ist lila, genau wie der Violette Lacktrichterling, bloß in stabil. Im Spätherbst findet man ihn sehr häufig, auch in Gruppen. Der Violette Rötelritterling ist nicht nur schön, sondern auch sehr schmackhaft und soll auch blutdrucksenkend wirken. Verwechseln könnte man ihn mit dem giftigen Bocksdickfuß, allerdings gibt es einen entscheidenden Unterschied, der die beiden Pilze eigentlich unverwechselbar macht. Der Bocksdickfuß stinkt extrem nach Ziege, während der Violette Rötelritterling nach Multivitaminsaft riecht. Andere braun-violette Schleierlinge erkennt man auch noch am spinnenwebenartigen Schleier am Stiel, sofern noch vorhanden und spätestens am braunen Sporenpulver, dazu müsste man sich ein Exemplar mit nach Hause nehmen, aber das ist ja kein Problem. Lepista nuda hat weißes Sporenpulver. Ansonsten kann man beim Sammeln von diesem Pilz nicht so viel verkehrt machen. ➔ **S. 103**

Hut: violett bis bläulich, wächst im Alter ausgebreitet.
Lamellen: weiß bis blassviolett, zart und relativ dünn.
Stiel: violett und gleichmäßig.
Fleisch: zart, mit einem leicht fruchtigen Geschmack und angenehmem Aroma.
Geruch: parfümiert, Multivitaminsaft.
Wo: hauptsächlich Mischwald, Folgezersetzer von Laub.

AUSTERNSEITLING

(Pleurotus ostreatus)

Winter Der Austern-Seitling ist einer der bekanntesten und beliebtesten Zuchtpilze und wird auch gern als Fleischersatz verwendet. Er schmeckt nussig und ein bisschen nach Kalb, weshalb er auch unter Kalbfleischpilz bekannt ist. Zum Wachsen braucht der Austernseitling einen Kältereiz von unter 11 Grad, erst dann kann er loslegen. Wird es zu kalt, stellt er sein Wachstum vorübergehend ein, um bei wärmeren Temperaturen dann einfach weiterzuwachsen. Er ist demnach ein bekannter Vertreter der Winterpilze. Ein Klassiker, den es auch im Supermarkt zu kaufen gibt. Dort ist er aber kultiviert, braucht diesen Kältereiz nicht, hat hellere Hüte und schmeckt nicht so gut wie seine Kollegen aus der freien Wildbahn. Als Kind fand ich die Suche nach Austernseitlingen besonders abenteuerlich, weil wir oft einen Stock brauchten, um die büschelig wachsenden Pilze von den Buchenbaumstämmen zu stoßen. Zuerst musste unter dem Schnee also erst mal nach Stöcken gegraben werden. Austernseitlinge wachsen an noch lebenden oder bereits abgestorbenen Stämmen, Ästen oder Stümpfen von Laubbäumen. Besonders gern an Buchen und Weiden, aber auch an allen anderen Laubbäumen und manchmal sogar auch an Nadelbäumen. Sie mögen die Gesellschaft ihres Hauptverwechslungspartners, dem Gelbstieligen Muschelseitling. Der hat aber hier und da Gelbtöne, woran man ihn gut erkennt. Er gilt generell auch als essbar, schmeckt aber sehr bitter. Es gab mal Berichte darüber, dass der Gelbstielige Muschelseitling doch Giftstoffe haben soll, die sich in Fettzellen einlagern und freigesetzt werden, sobald man abnimmt. Aber diese Informationen sind umstritten.

Als gesichert gilt, dass der Austernseilting vollgestopft ist mit vielen Vitaminen, vor allem aus dem B-Komplex und

C und D, mit Mineralstoffen, Spurenelementen, Eiweiß und Ballaststoffen. Ihm werden sehr viele positive Effekte auf den Körper nachgesagt, auf Muskeln, Nerven, Herz, Verdauung, Blutbildung – er soll sogar das Wachstum von Tumoren hemmen können. ➔ **S. 103**

Hut: fleischig, hell bis dunkelgrau, fächer- oder muschelförmig.
Lamellen: oft stark herablaufend, grau-weiß.
Stiel: kurz und zylindrisch, seitlich wachsend.
Fleisch: zart, fest und weiß.
Besonderheit: sehr guter Speisepilz, häufig in der Gastronomie verwendet.
Geruch: angenehm, pilzig.
Wo: an lebenden oder abgestorbenen Laubbäumen, auch höher gelegen an den Stämmen.

SPEISEMORCHEL

(Morchella esculenta)

Frühling Es stimmt, was im STERN zu lesen war. Die Speisemorchel ist in Butter gebraten, mit Salz und Pfeffer gewürzt, geschmacklich nicht von dieser Welt. Ich selbst habe es dem Magazin verraten. Leider habe ich diesen so leckeren Pilz noch nie selber gefunden, da er auf kalkhaltigen Böden wächst, die in meiner Nähe kaum vorkommen. Ein Pilzfreund hatte mal in seinem Garten einen üppigen Fund, weil es dort von einem ehemaligen Gebäude noch Kalkreste im Boden gab. Er brachte mir die Speisemorchel zur Bestimmung und ich durfte drei Exemplare behalten. Geschmacklich ist der wirklich unübertroffen. Er ist ein typischer Frühjahrspilz. ➔ **S. 103**

Hut: hellbeige bis gelbbraun, wabenartig strukturiert mit tiefen, unregelmäßigen Kammern; Durchmesser 2–6 cm.
Stiel: weißlich bis cremefarben, hohl und oft leicht gerippt.
Fleisch: dünnwandig, zart und hohl – ein absolutes Highlight in der Küche.
Geruch: würzig, pilzig.
Wo: Wächst gerne auf kalkhaltigen Böden in Auwäldern, bevorzugt alte Eschen, manchmal auch in Gärten unter Apfelbäumen, in Parkanlagen, Gebüschen, auf ungedüngten Wiesen und Schutthalden.

TODSICHER GIFTIG

Obwohl schon in der Steinzeit Pilze gesammelt und verspeist wurden, haben die Leute tausende Jahre später immer noch einen ordentlichen Respekt vor Pilzen. Warum eigentlich? Man hatte doch genug Zeit, sich mit den Arten vertraut zu machen. Solange Pilze im Supermarkt gekauft oder Johannisbeeren und Brombeeren vom Strauch im eigenen Garten gepflückt werden können, fühlt man sich auf der sicheren Seite, aber sobald man im Wald steht, umgeben von Pilzen und Beeren und Kräutern, schlägt gnadenlos die Unsicherheit zu. Alles könnte potenziell giftig sein. Oder verkeimt. So wurde es uns eingetrichtert. Wir haben sofort die mahnenden Worte der Eltern im Ohr. „Lieber nicht anfassen! Es könnte giftig sein." Ich würde dagegen sagen: „Schau genau hin! Es könnte lecker sein! Und sogar gesund." Das Wissen über Wildkräuter und Pilze ist immer mehr verlorengegangen. Es erschreckt mich, wenn bei meinen Führungen mindestens zwei Drittel der Teilnehmer und Teilnehmerinnen nicht mal eine Buche erkennen. Dafür weiß fast jeder: Alles hat giftige Doppelgänger und ein Fehler kann verheerende Folgen haben. Das stimmt natürlich. Aber die Angst ist oft wirklich unverhältnismäßig groß. Ich will die Gefahr nicht relativieren. Sie ist gegeben. 30 bis 40 Fälle von schweren bis lebensbedrohlichen Pilzvergiftungen gibt es pro Jahr in Deutschland. Dank des medizinischen Fortschrittes kommt es davon glücklicherweise „nur" zu etwa ein bis fünf Todesfällen. 90 Prozent davon gehen auf das Konto des Grünen Knollenblätterpilzes. Die restlichen Pilzvergiftungen sind verbunden mit leichten bis moderaten Symptomen, die je nach Pilz variieren können, da Pilze unterschiedliche Gifte enthalten. Hauptsächlich kommt es zu Bauchschmerzen, Erbrechen und Durchfall, ausgelöst durch leicht giftige Pilze oder Unverträglichkeiten. Aber auch dieses Risiko möchte man natürlich vermeiden. Und an dieser Stelle kommen wir Pilzsachverständigen ins Spiel. Man kann jegliches Risiko für Pilzvergiftungen fast bis auf Null reduzieren, indem man seine gesammelten Exemplare einfach von einem Pilzsachverständigen prüfen lässt. In vielen Orten gibt es jemanden, der sich entsprechend auskennt. Gut schützt man sich auch, wenn man sich mit den giftigen Arten und deren Bestimmungsmerkmale vertraut macht.

GRÜNER KNOLLENBLÄTTERPILZ

(Amanita phalloides)

Sommer bis Herbst Ein Highlight vieler Pilzfreunde: Der Grüne Knollenblätterpilz. Es ist aufregend, einen der giftigsten Pilze der Welt zu finden. Ich kann mich gut an den Tag erinnern, an dem ich eine ganze Knollenblätterfamilie, bestehend aus zehn Mitgliedern, fand, von klein bis groß war jedes Alter vertreten. Das war für mich ein Erlebnis, so wie für Autofans, wenn sie irgendwo zufällig ein paar Lamborghinis in Kolonne fahren sehen. Als mir mein Vater das erste Mal aufgeregt einen Grünen Knollenblätterpilz präsentierte und mir daran die wichtigsten Erkennungsmerkmale erklärte, muss ich ungefähr vier Jahre alt gewesen sein. Jahre später war es dann der allererste Pilz, den ich auf Instagram vor die Kamera hielt. Ich hatte ihn gleich bei mir um die Ecke auf dem Friedhof gefunden, wo er ein bisschen bedeutungsschwanger neben einem Grab stand. Grüne Knollenblätterpilze mögen es sehr gern auf Friedhöfen. Gott weiß warum.

Der Grüne Knollenblätterpilz enthält Amatoxine und Phallotoxine. Diese Gifte hemmen die Proteinbiosynthese in Zellen, insbesondere in Leber und Nieren, was bedeutet, dass es zu einem Zellstillstand und dann zu einem Zelltod kommt. Bereits sehr wenige Mengen können tödlich sein. Nach etwa 6–24 Stunden treten Magen-Darm-Beschwerden auf. Danach geht es einem zwei, drei Tage wieder gut. Aber der Schein trügt. Die Vergiftung schreitet währenddessen voran. Ohne Behandlung kommt es nach ca. 8 Tagen zu oft tödlichem Leberversagen.

Der Grüne Knollenblätterpilz wird manchmal mit Champignons verwechselt, aber die haben keine weißen Lamellen. Oder man hält den Grünen Knollenblätterpilz aufgrund seiner Hutfarbe für einen Täubling, aber ein Täubling hat keine Knolle an der Stielbasis. ➔ **S. 104**

Hut: weiß bis olivgrünlich, glatt und matt-glänzend.
Stiel: Weiß mit einer Manschette und einer knolligen Basis, die von einer lappigen Scheide umgeben ist.
Lamellen: weiß, dichtstehend, frei, manchmal angewachsen.
Fleisch: weiß, unter der Huthaut gelbgrünlich.
Sporen: weiß.
Geruch: süßlich, nach Kunsthonig, im Alter etwas aasartig, nach Tierpark.
Wo: wächst oft auf Friedhöfen, in Parkanlagen oder Laubwäldern, gern bei Eiche und Linde.

GELBER KNOLLENBLÄTTERPILZ

(Amanita citrina)

Sommer bis Herbst Diese Variante des Knollenblätterpilzes ist nur leicht giftig, aber giftig. Er enthält Bufotenin, aber in geringerer Konzentration, was nach etwa 30 Minuten bis 4 Stunden trotzdem Kreislaufprobleme und Halluzinationen auslösen kann. Bei größeren Mengen kommt es zu Magen-Darm-Beschwerden. Der Pilz riecht nach Kartoffelkeller. ➔ **S. 104**

Hut: weiß-gelblich bis blass ockergelb, mit abwaschbaren weißen Flecken.
Stiel: weiß, mit einem Ring und einer kleinen Scheide an der Basis.
Lamellen: weiß.
Fleisch: weiß, oberer Teil gelblich.
Sporen: weiß.
Geruch: nach alten Kartoffeln.
Wo: bevorzugt sandige Böden und Nadelwälder.

SPITZGEBUCKELTER RAUKOPF

(Cortinarius rubellus)

Sommer bis Spätherbst Der Spitzgebuckelte Raukopf ist ein hochgiftiger Pilz, der leicht rettichartig riecht. Er enthält Orellanin, was unbehandelt schwere und nicht so selten tödliche Nierenschäden durch Hemmung der RNA-Synthese verursacht. Die Symptome treten oft erst nach 2–17 Tagen auf, was die Behandlung erschwert. Es kommt zu Übelkeit, Durstgefühl und Nierenschmerzen. ➔ **S. 105**

Hut: orangebraun bis rostbraun, oft mit einem kleinen, spitzen Buckel.
Stiel: schlank, faserig, ebenfalls rostbraun. Mit spinnenwebenartigem Schleier im Jugendstadium.
Lamellen: zimtbraun, ausgebuchtet angeheftet.
Fleisch: gelblichbraun-rostbraun.
Sporen: rostbraun.
Geruch: rettichartig.
Wo: Bevorzugt saure Böden in Nadelwäldern, oft im Moor.

ORANGEFUCHSIGER RAUKOPF

(Cortinarius orellanus)

Sommer bis Herbst Ähnlich wie der Spitzgebuckelte Raukopf verursacht der Orangefuchsige Raukopf durch Orellanine langsam irreparable Nierenschäden. Durch seinen aufgestellten Hut kann er mit essbaren Pfifferlingen verwechselt werden, allerdings ist er dunkler gefärbt und hat normale, nicht am Stiel herablaufende Lamellen. Auch er hat einen milden Geschmack. ➔ **S. 105**

Hut: orange bis rostbraun, samtig.
Stiel: orangebraun, schlank, ebenfalls jung mit Cortina (Schleier).
Lamellen: zimtbraun, ausgebuchtet angeheftet, entfernt stehend.
Fleisch: gelblich.
Sporen: rostbraun.
Geruch: rettichartig.
Wo: Wächst meist auf sandigen Böden in Misch- und Laubwäldern.

FLIEGENPILZ

(Amanita muscaria)

Sommer bis Herbst Auch, wer sich nicht für Pilze interessiert, kommt um diesen hier nicht herum. Für die einen ist er ein Glückssymbol, für andere die wichtigste Zutat für die Krötensuppe der Hexe, für manche ein traditionelles Rauschmittel und einige nutzen ihn als Fliegenfalle. Man kennt ihn, den berühmten Pilz mit dem roten Hut und den weißen Punkten darauf. Schon Kinder erkennen ihn und wissen – dieser Pilz ist giftig. Ja, das ist er. Aber längst nicht so giftig, wie man meint. Die enthaltenen giftigen Substanzen Ibotensäure und Muscimol können starke Vergiftungserscheinungen hervorrufen, sind aber im Vergleich zu den tödlichen Amatoxinen eines Grünen Knollenblätterpilzes weniger gefährlich. Die Giftstoffe des Fliegenpilzes wirken in hohen Dosen neurotoxisch und halluzinogen, aber man müsste schon so eine große Menge davon essen, dass eine tödliche Wirkung so gut wie ausgeschlossen ist. Symptome wie Übelkeit, Erbrechen, Verwirrtheit, Schwindel, Halluzinationen und Krämpfe treten relativ schnell auf, wodurch der Körper oft schon große Mengen des Giftes wieder loswird. ➔ **S. 105**

Hut: leuchtend rot, mit weißen, abwaschbaren Flecken/ Punkten (Velumreste). Zuerst kugelförmig, mit zunehmendem Alter flacher werdend.
Stiel: mit weiß hängender Manschette, Knolle mit Warzengürtel.
Lamellen: weiß und sehr dicht, frei, also nicht mit dem Stiel verbunden.
Fleisch: weißlich.
Sporen: weiß.

Geruch: pilzig, angenehm
Wo: Wächst bevorzugt in Nadel- und Mischwäldern, oft in der Nähe von Birken, Kiefern und Fichten, darum guter Steinpilzanzeiger.

GIFTHÄUBLING

(Galerina marginata)

Sommer bis Herbst Wer Stockschwämmchen oder Samtfußrüblinge sammelt oder sammeln möchte, sollte diesen Giftpilz wirklich kennen, denn er wächst teilweise auf denselben Substraten wie die beiden Pilze und ich habe ihn auch schon inmitten solcher gesellig wachsenden Speisepilze gefunden. Von oben sieht er den beiden anderen Speisepilzen sehr ähnlich, aber man kann ihn gut am Stiel unterscheiden. Er enthält wie der Grüne Knollenblätterpilz Amatoxine, die Leber und Nieren zerstören. Ohne Behandlung kommt es zum Organversagen. ➔ **S. 106**

Hut: gelblich-braun, oft mit einem schmierigen Glanz.
Stiel: dünn, weißlich überfasert, nie geschuppt wie beim Stockschwämmchen.
Lamellen: gelblich bis rostbraun.
Fleisch: gelbbraun, bräunlich.
Sporen: rostbraun.
Geruch: pilzig bis süßlich, bei älteren Exemplaren muffig.
Wo: Auf Stämmen oder an Baumstümpfen. Er bevorzugt Nadelhölzer, kommt aber auch an Laubbäumen vor.

FELDTRICHTERLING

(Clitocybe dealbata)

Frühsommer bis Herbst Dieser unscheinbare weiße Pilz wächst oft auf Wiesen und Weiden. Vergiftungen reizen das parasympathische Nervensystem und führen zu schweren Symptomen wie starkem Speichelfluss, Schwitzen, Atemnot, Erbrechen und Durchfall. Bei Symptomen muss sofort eine Behandlung eingeleitet werden. Der Muscaringehalt ist recht hoch und es kam auch schon zu tödlichen Vergiftungen. Weil viele dieser kleineren, weißen Pilze giftig sind, wird Anfängerinnen und Anfängern geraten, diese Pilze zu meiden.

Die einzelnen weißen Trichterlinge lassen sich manchmal am Geruch unterscheiden. Dieser hier riecht muffig oder auch spermatisch. ➔ **S. 106**

Hut: weiß bis cremefarben, flach trichterförmig, ein bisschen wie verbogen.
Stiel: dünn, weiß, glatt.
Lamellen: weiß bis blass cremefarben, dicht gedrängt und leicht herablaufend.
Fleisch: weiß, später ocker.
Sporen: weiß.
Geruch: spermatisch.
Wo: gesellig und auch in Hexenringen an grasigen Stellen, auf Wiesen, in Parks, an Waldrändern, aber auch in Wäldern.

KARBOLCHAMPIGNON

(Agaricus xanthodermus)

Frühsommer bis Herbst Dieser Pilz wird häufig mit essbaren Champignons verwechselt, aber der Karbol- oder auch Giftchampignon enthält Phenole, die krebserregend sind und den Verdauungstrakt reizen. Es kommt zu unangenehmer Übelkeit, zu Erbrechen und Durchfall. Der Karbolchampignon riecht unangenehm nach Karbol (phenolisch) und sein Fleisch wird bei Verletzung gelb. Beim Kochen riecht er nach Desinfektionsmittel. Allein davon wird schon vielen übel. Wenn man nicht gut riechen kann und trotzdem wissen will, ob es ein essbarer Anis-Champignon ist, kann man den Wasser-Test machen. Giftige Karbol-Champignons färben das Kochwasser gelb, essbare Anis-Egerlinge nicht. ➔ **S. 107**

Hut: weiß, gilbt bei Berührung oder Druck.
Stiel: weiß mit einem deutlichen Ring.
Lamellen: rosa bis braun, niemals rein weiß.
Fleisch: weiß, bei Verletzung gelblich, besonders am Hutrand und in der Stielbasis.
Sporen: braun.
Geruch: karbolartig, urinartig.
Wo: Wiesen, Gebüsch, häufigster Champignon in Gärten, aber auch im Wald.

ZIMTFARBENER WEICHPORLING

(Hapalopilus rutilans)

Ganzjährig – hauptsächlich Sommer bis Winter Der Zimtfarbene Weichporling widersetzt sich gleich zwei allgemeinen Aussagen, einmal dass es im Winter nur essbare oder ungenießbare Pilzarten gibt und zum anderen, dass es nur ungenießbare Porlingsarten gibt, die manchmal sogar noch jung essbar sind. Dieser Weichporling, den man ganzjährig finden kann, ist sogar tödlich giftig. Er enthält Polyporsäure, die zur Störung des zentralen Nervensystems und auch zu richtig heftigen Sehstörungen führen kann. Mit diesem Pilz ist wirklich nicht zu spaßen. Man erkennt ihn vergleichsweise gut an seinem zimtfarbenen Hut. Und allerspätestens am violettgefärbten Urin, wenn man ihn gegessen hat. ➔ **S. 107**

Hut: zimtbraun und tellerförmig.
Stiel: kein Stiel.
Fleisch: weich, zimtbraun, faserig.
Poren: rostbraun.
Sporen: weißlich.
Geruch: pilzartig.

PANTHERPILZ

(Amanita pantherina)

Frühling bis Spätherbst Der Pantherpilz trägt Socken, genauer gesagt, ein Bergsteigersöckchen. Da sein Stiel eher schlank ist und die Stielknolle stark gerandet mit einer Wulst, sieht es aus, als würde ein Fuß in einer Socke stecken. Daran kann man den Pantherpilz gut erkennen. Er ist sehr giftig und enthält Muscimol und Ibotensäure, die neurotoxische und halluzinogene Effekte auslösen, so wie auch beim Fliegenpilz. Beim Pantherpilz sind die Symptome jedoch heftiger ausgeprägt. Er trägt den Beinamen Sachsentod. Da er in Sachsen selten vorkommt, wird er von Sammlerinnen und Sammlern aus dem Freistaat in anderen Regionen manchmal mit dem Perlpilz verwechselt. Es kam deshalb schon zu sehr schwerwiegenden, auch tödlichen Vergiftungen. → **S. 107**

Hut: Braun bis graubraun mit weißen, gleichmäßig angeordneten Velumresten, die auch bei Regen abgewaschen sein können.
Stiel: Weiß mit einem deutlichen, hängenden Ring, der aber ungerieft ist, an der Basis eine Knolle mit Bergsteigersöckchen.
Lamellen: weiß.
Fleisch: weiß.
Sporen: weiß.
Geruch: leicht rettichartig.
Wo: Mischwald.

KAHLER KREMPLING

(Paxillus involutus)

Von Frühjahr bis Spätherbst Jahrhunderte wurde dieser Pilz als hervorragender Speisepilz geschätzt, bis merkwürdige Vergiftungen nach dessen Verzehr auffielen. Einige Kremplinge sollen demnach ein Antigen enthalten, das das Paxillussyndrom auslösen kann. Die im Pilz enthaltenen Gifte, z. B. Hämolysine und Hämagglutinine werden beim Kochen zerstört, nicht aber dieses Antigen. Es kann sich mit den Antikörpern des Menschen zu einem Antigen-Antikörper-Komplex verbinden und so die roten Blutkörperchen angreifen und zerstören, was zu Multiorganversagen führen kann. Das passiert meistens bei wiederholtem Essen, manchmal erst nach Jahren. Man kann diesen Pilz also jahrelang essen, ohne, dass etwas passiert, weshalb man die Vergiftungen nicht mit dem Pilz in

Verbindung gebracht hatte. Interessanterweise wird er in Teilen Osteuropas gut durchgegart immer noch gegessen und sogar als Marktpilz verkauft. 2012 gab es in Passau eine schwere Vergiftung, fünf Leute mussten auf die Intensivstation. Ich rate auf jeden Fall ab, ihn zu verspeisen, er ist potenziell tödlich.
➔ S. 108

Hut: braun bis orangebraun, mit einem flachen oder leicht gewölbten Aussehen, glatt bis samtig und stark eingerolltem Hutrand.
Stiel: hellbraun, ocker, gelblich.
Fleisch: weißlich-gelbbraun, schnell dunkel werdend.
Lamellen: sehr eng stehend, gelblich, ockerbräunlich, olivbraun, werden bei Druck dunkelbraun, am Stiel herablaufend.
Sporen: bräunlich.
Geruch: etwas säuerlich, obstartig.
Wo: Mischwald, Parks, sehr häufig.

GRÜNLING

(Trichotomie equestre)

Sommer bis Spätherbst Auch dieser Pilz wurde früher gegessen, sogar sehr gern, so dass er auch auf dem Markt verkauft wurde. In den 90er Jahren hat man allerdings erste und zum Teil auch tödliche Vergiftungsfälle dokumentiert. Bei Leuten, die den Pilz mehrmals in einigen Tagen essen und eine genetische Disposition haben, kann das enthaltene Mykotoxin das Equestre-Syndrom verursachen. Es schädigt die Muskulatur, insbesondere das Herz, das ja auch ein Muskel ist. Nach mehrfachem Verzehr kann es zu gefährlichen

Herzrythmusstörungen, sogar zu Todesfällen kommen. Und selbst wenn nun einige denken, und ich höre diesen Satz so oder so ähnlich wirklich öfter: „Das hat mich früher nicht umgebracht und darum esse ich das heute auch noch", sei darauf hingewiesen, dass der Grünling zu den geschützten Arten gehört und man ihn nicht mal für eigene Zwecke sammeln darf. ➔ **S. 108**

Hut: leicht klebrig, zuerst halbkugelig und dann später abgeflacht. Im jungen Stadium hellgelb, mit zunehmendem Alter dunkler werdend bis grünlichbraun. Die Schüppchen in der Mitte werden orangebraun.
Fleisch: weiß-hellgelb.
Stiel: weißlich bis gelblich.
Sporen: weißlich.
Lamellen: schwefelgelb und ausgebuchtet, am Stiel angewachsen.
Geruch: mehlig.
Wo: Mischwald, es gibt eine Form unter Pappeln, eine unter Kiefern.

FRÜHJAHRSLORCHEL

(Gyromitra esculenta)

Frühjahr Die Frühjahrslorchel wird immer wieder mit Morcheln verwechselt, die zur gleichen Zeit wachsen. Während Morcheln grandiose Speisepilze sind, kann schon eine einzige Lorchel roh verzehrt tödlich sein und das, obwohl der wissenschaftliche Name übersetzt Essbare Lorchel heißt. Frühjahrs- oder auch Giftlorcheln enthalten das Gift Gyromitrin, das in der Leber zu Monomethylhydrazin (MMH) umgewandelt wird.

Diese Vergiftung bringt schwere Leber- und Nierenschäden, aber auch neurologische Ausfälle. Es kann bis zu einem Tag dauern, bis sich erste Symptome nach dem Essen zeigen, das sind dann vor allem starke Bauschmerzen, Durchfälle und Erbrechen. Anschließend verschwinden die Symptome, aber wie beim Grünen Knollenblätterpilz ist das trügerisch, denn die Vergiftung schreitet voran. Man bekommt Krämpfe und es kann zu einem Organversagen kommen. Und trotzdem wurden genau diese Lorcheln früher auch in Deutschland, heute noch in einigen ost- europäischen Ländern nach entsprechender Zubereitung gegessen. Durch Kochen und Trocknen verflüchtigt sich der größte Teil des Giftes, aber eben nicht alles und bereits kleinste Mengen können einen umhauen, vor allem Kinder.

Sobald man weiß, dass es Morcheln und Lorcheln gibt und etwas genauer hinschaut, kann man Verwechslungen ausschließen, wenn man sich merkt, dass die essbaren Morcheln eine wabenartige und die giftigen Lorcheln eine braune hirnartige Struktur haben. ➔ **S. 108**

Hut: dunkelbraun, faltig, hirnartig geformt.
Stiel: weißlich, gelbbräunlich, glatt, innen hohl und kammerig.
Sporen: weißlich.
Geruch: würzig, pilzig bis leicht spermatisch.
Wo: Nadelwald, sandige Kiefernwälder, aber auch in Gärten, auf Streu und Holzabfällen, Wiesen, Parks.

HERBST

GOLDENE ZEITEN

Der Herbst ist bunt. Rot, goldgelb, orange, braun – zwischen den Farben sprießen die Pilze. Im Duft von Moos und Laub versteckt sich eine riesige Artenvielfalt, die mich jedes Jahr neu überrascht. Es kommen dann zum Beispiel seltene Pilze in großer Anzahl vor oder Massenpilze nur vereinzelt. Manchmal sind bestimmte Arten früher dran, manchmal später. Es tauchen Pilze im herbstlichen Morgennebel zum ersten Mal auf oder ich finde sie zum ersten Mal. Und jedes Jahr nehme ich mir vor, mich zu dieser Jahreszeit mal mit den kleinen Exemplaren zu beschäftigen, die ich noch nicht so gut kenne. Aber dann ist wieder so viel los, es rappelt im Korb, Stockschwämmchen füllen ihn, Steinpilze veredeln ihn, eine Krause Glucke macht sich darin breit. Und wenn ich aus dem Herbstwald herauskomme, dann finde ich eine riesige Anzahl von Pilzen auf meinem Handy. Die Leute wollen wissen, was sie gefunden haben. Als Sachverständiger bestimme ich die Pilze natürlich gern, vor allem auch die Pilze derer, die der Herbstwind mit ihren vollen Körben bei mir zu Hause vorbeiwirbelt. Ich freu mich sehr über das Vertrauen und noch mehr über das wachsende Interesse. Der Herbst ist für mich Hauptsaison, so wie der Sommer bei Eis-Fans und der Winter bei Skiverrückten. Dann gibt es in meiner Welt nur noch Pilze, Pilze, Pilze – im Wald, auf Wiesen, in fremden Körben, in meiner Pfanne, auf meinem Handy, in meinem Kopf und auf meinen Social-Media-Kanälen.

KLAPPERSCHWAMM

(Grifola frondosa)

Ich mag den Klapperschwamm, weil er so selten ist. Auf Japanisch heißt er Maitake, was so viel bedeutet wie „tanzender Pilz“. Angeblich sollen die Leute vor Freude getanzt haben, wenn sie diesen seltenen und gesunden Pilz gefunden haben. Und wenn man ihn erntet, dann klappert er vor lauter Freude mit. Darum heißt er bei uns Klapperschwamm. Weil er klappert, wenn seine Hüte beim Bewegen oder Schütteln aneinanderstoßen. Ich kenne eine dicke, alte Eiche, an dem er wächst und freue mich jedes Mal, wenn ich ihn dort sehe. Es ist ein super Speisepilz mit einem ganz feinen Fleisch und einem richtig intensiven, erdigen Aroma. Er kann sehr groß und mehrere Kilo schwer werden. Ich habe mal ein Sechs-Kilo-Exemplar gefunden und mich damit für den schwersten Speisepilz Sachsens beim Radio beworben, aber leider nicht gewonnen. ➔ **S. 109**

Hut: Hellbräunlich bis beige, oft wellig geformt und aus zahlreichen, lappenartigen, dicht zusammenhängenden Hüten büschelig wachsend mit einer zarten, filzigen Struktur überzogen; Durchmesser des gesamten Fruchtkörpers bis zu 60 cm.
Unterseite: Feine, dicht stehende Poren an der Unterseite der lappenartigen Strukturen, hell cremefarben bis gelblich, über die die Sporen freigesetzt werden.
Stiel: Meistens ein kräftiger, kurzer Basisstrunk, dunkelbraun bis schwarz gefärbt, der zentral oder leicht seitlich am Fruchtkörper angesetzt ist und in viele kleinere Verästelungen übergeht, die die einzelnen Lappen tragen.
Fleisch: Zart und elastisch bei jungen Exemplaren, später zunehmend zäh und spröde

Geruch: intensiv pilzig.
Wo: Der Klapperschwamm wächst bevorzugt an der Basis von alten oder geschwächten Laubbäumen, insbesondere Eichen oder Buchen. Er erscheint häufig an Stümpfen oder Wurzeln und gedeiht sowohl in Wäldern als auch in Gärten und Parks.

GOLDRÖHRLING

(Suillus grevillei)

Wenn du einen Goldröhrling suchst, schau dich nach Lärchen um. Dort findest du ihn. Er schmeckt wirklich sehr gut. Ich kenne einige Leute, die ihn gern frittieren. Da dieser Pilz manchmal, wenn auch selten, Unverträglichkeiten auslöst, empfehle ich bei solchen gelbfleischigen Röhrlingen immer eine Mindestgarzeit von 20–25 Minuten. ➔ **S. 109**

Hut: halbkugelig bis gewölbt, später ausgebreitet, glänzend goldgelb bis orangebraun. Oberfläche bei Feuchtigkeit schleimig und bei Trockenheit leicht klebrig.
Röhren: leuchtend gelb, später olivgelb.
Stiel: 5–10 cm lang und 1–2 cm dick, zylindrisch. Gelb bis goldbraun, mit einem schleimigen Ring oder Ringrest. Unterhalb des Rings oft heller, manchmal mit feinen, bräunlichen Schüppchen.
Fleisch: gelb und eher fest, ohne Farbveränderung bei Verletzung.
Geruch: pilzig, angenehm.
Wo: fast ausschließlich in der Nähe von Lärchen, sehr selten unter Douglasie.

KRAUSE GLUCKE

(Sparassis crispa)

Manchmal, wenn man so durch den Wald schlendert, liegt da am Fuß eines Kiefernbaumstumpfes plötzlich ein Badeschwamm. Aber wie soll der dahin gekommen sein? Also dann ist es wohl die Fette Henne. Sieht zwar nicht aus wie eine fette Henne, ist aber trotzdem eine, oder auch Krause Glucke genannt. Ein ganz toller Pilz ist das ohne Hut und Stiel. Da er um meinen Geburtstag herum wächst, macht der Wald mir manchmal ein ganz besonderes Geschenk.

Das Putzen der Krausen Glucke ist allerdings die Königsdisziplin des Pilzeputzens. Durch die vielen Windungen und Kräuselungen ist es fast unmöglich, den Pilz sauber zu bekommen. Irgendeine Kiefernnadel oder Ameise versteckt sich immer noch irgendwo. Am besten ist es, die Krause Glucke kopfüber in kochendes Wasser zu tauchen. Dann wird sie elastisch und lässt sich besser ausspülen. Oder man schneidet sie in Scheiben und legt sie in Wasser und Mehl. Viele Köche schlagen da die Hände über dem Kopf zusammen, denn natürlich gilt auch hier was für alle Pilze gilt, dass sie ziemlich an Geschmack einbüßt, wenn man sie wäscht. Ich finde, bei der Krausen Glucke geht es manchmal nicht anders und sie schmeckt trotzdem noch gut. Den Strunk muss man entfernen. Und dann ran an den Herd. Für diesen Pilz gibt es unendlich viele leckere Rezepte. ➔ **S. 109**

Hut: kein Hut, wellenförmig-badeschwammartiges Gewächs, kraus und unregelmäßig.
Farbe: hellbraun bis beige.
Stiel: hat einen Strunk, kein Stiel.

Fleisch: weißlich bis cremefarben, fest und nussig im Geschmack.
Geruch: aromatisch, waldig.
Wo: am Wurzelgeflecht von Kiefern hauptsächlich.

ÄSTIGER STACHELBART

(Hericium coralloides)

Er sieht aus wie eine Koralle und fast jeder Pilzsammler und jede Pilzsammlerin freut sich, wenn er oder sie den Ästigen Stachelbart an einem Baum entdeckt. Nicht nur, weil er so bizarr geformt ist und sehr gut schmeckt, ein bisschen wie Hühnchen, sondern weil man ihn auch nur noch selten findet, da er vorwiegend in Buchenwäldern wächst und der alte Buchenbestand stark zurückgegangen ist. Da merkt man, wie wichtig überhaupt Mischwälder sind.

Kultiviert kommt eine verwandte Art unter dem Namen Igelstachelbart oder Affenkopfpilz in der traditionellen chinesischen oder japanischen Medizin als Vitalpilz vor. ➔ **S. 110**

Hut: keine klassische Hutform, sondern stachelige Verästelungen, bärtig, hängend.
Farbe: Weiß bis cremefarben, später gelblich-braun, dann ist er zu alt.
Stiel: Strunk.
Fleisch: Fest, zäh, und hat eine fleischige Textur.
Geruch: neutral, angenehm.
Wo: Laubwälder, wächst auf Totholz, vor allem auf Buchen.

NEBELKAPPE

(Clitocybe nebularis)

Die Nebelkappe wächst häufig in Hexenringen. Dieser Pilz hat einen milden Geschmack und galt lange als essbar, aber seit einigen Jahren wird vom Verzehr abgeraten. Nebelkappen werden nicht nur generell von einigen Personen schlecht vertragen, sie stehen auch im Verdacht Krebs oder Lungenödeme auszulösen. ➔ **S. 110**

Hut: hellbraun bis grau, mit einem rötlichen Schimmer.
Lamellen: weit auseinanderstehend, weiß bis blassgrau.
Stiel: 5–10 cm lang, 1–3 cm dick, zylindrisch weißlich, oft mit feinen Längsfasern. Fest, im Alter oft hohl.
Fleisch: fest und leicht würzig im Geschmack.
Geruch: parfümiert.
Wo: Fichtenwald, aber auch außerhalb der Wälder in Gärten und auf Wiesen, oft in Hexenringen.

BEUTEL-STÄUBLING

(Lycoperdon excipuliforme)

Das ist ein keulen- oder auch beutelähnlicher Pilz mit vielen kleinen Pickeln auf der Haut. Das klingt erst mal unattraktiv, aber wie immer kommt es auch auf die inneren Werte an. Ist dieser Stäubling innen noch weiß, ist er ein sehr leckerer Speisepilz. Später, wenn er reift, werden die Sporen dunkel und lösen sich vom Gewebe. Gleichzeitig entsteht oben ein kleines Loch in seiner Fruchthülle, durch die die Sporen als Wolke herauspuffen, sobald man ihn berührt. Regen, Wind, Tiere, Wanderer – alles Mögliche trägt dazu bei, dass sich die Sporen der Stäublinge verbreiten. ➔ **S. 110**

Hut: kein klassischer Hut, eher Kopfteil, kugelig bis beutelförmig, weiß bis cremefarben, mit feinen Pusteln bedeckt.
Stiel: dick, mit einer ähnlichen Farbe wie der Hut.
Fleisch: Zart, wattig, weiß und unverwechselbar bei der Reifung, wenn der Sporenstaub freigesetzt wird.
Geruch: angenehm.
Wo: Mischwald, Lichtungen, Wiesen.

HABICHTSPILZ

(Sarcodon Imbricatus)

Ich finde diesen Pilz häufig in sandigen Kiefernwäldern und Heidelandschaften, oft in Gesellschaft von Grünlingen. Sein geschuppter Hut erinnert wirklich an das Gefieder des gleichnamigen Raubvogels. An der Hutunterseite hat er kleine Zähne, woran man ihn gut erkennt. Der Pilz ist essbar, wird aber im Alter bitter. ➔ **S. 111**

Hut: gelblich bis braun, mit einem unregelmäßigen, unebenen Rand.
Stoppeln: Statt Lamellen hat der Habichtspilz feine Stoppeln, die die Sporen freisetzen.
Stiel: weiß bis gelblich, fest und zylindrisch.
Fleisch: fest, mild im Geschmack und geeignet für rustikale Pilzgerichte.
Geruch: würzig.
Wo: Nadelwald, man unterscheidet den Kiefern-Habichtspilz und den Fichten-Habichtspilz.

STOCKSCHWÄMMCHEN

(Kuehneromyces mutabilis)

Das ist ein sehr leckerer Speisepilz. Er wächst büschelig, hauptsächlich auf totem Laubholz. Im Herbst besuche ich gerne meine Stockschwämmchenstümpfe, um mir eine köstliche Mahlzeit einzusammeln. Stockschwämmchen sind aber nichts für Ungeübte, weil sie einige giftige Verwechslungspartner haben, darunter auch den tödlich giftigen Gifthäubling. Den habe ich sogar mal mitten in einer Gruppe von Stockschwämmchen gefunden. Die Pilze dürfen von Pilzberatern ohne ihren Stiel nicht freigegeben werden, weil nur die Schüppchen am Stiel hundertprozentige Sicherheit geben können. Es ist das wichtigste Erkennungsmerkmal. ➔ **S. 111**

Hut: braun bis gelbbraun, oft zweifarbig (hygrophan).
Stiel: schuppig und dünn, rötlich-braun bis dunkelbraun.
Lamellen: engstehende, cremefarbene bis braune Lamellen.
Fleisch: Fest, der Geschmack ist mild.
Geruch: würzig, pilzig.
Wo: an totem Laubholz, manchmal auch an Nadelholz.

WALDCHAMPIGNON

(Agaricus silvaticus)

Der wächst jedes Jahr im Garten der Freundin meiner Oma in der Nadelstreu unter Fichten. In so einer Umgebung fühlt er sich pudelwohl. Im Gegensatz zu seinem nahen und bekannteren Verwandten, dem Wiesenchampignon, dem es dort wohl zu fichtig wäre. Im Grunde sind sich die beiden aber ähnlich, haben einen milden, nussigen Geschmack und sollten vom Giftchampignon unterschieden werden können. ➔ **S. 99**

Hut: 4–8 cm, jung kugelig, später flach gewölbt, blassbräunlich mit dunkleren, anliegenden Schüppchen.
Lamellen: jung blassrosa, dann dunkelgraubraun bis schwärzlich.
Stiel: 5–6 cm lang, schlank, bei Verletzung rötlich anlaufend. Dünner hängender Ring. Stielbasis ist leicht verdickt.
Fleisch: weiß, bei Verletzung sofort rot verfärbend.
Geruch: pilzig, angenehm.
Wo: Nadelwald, auf sauren und kalkhaltigen Böden.

BRAUNER FLIEGENPILZ

(Amanita regalis)

Den Braunen Fliegenpilz, auch Königs-Fliegenpilz genannt, habe ich zum ersten Mal im Erzgebirge gefunden. Er lebt in Symbiose mit Fichten, wobei ich interessant finde, dass er nur dort vorkommt, wo auch ursprünglich Fichten wuchsen. Nämlich im Gebirge. Er kommt fast nur über 500 m vor. Dementsprechend ist der Braune Fliegenpilz eine seltenere Schönheit in den hiesigen Wäldern und giftig. ➔ **S. 112**

Hut: braun, gelbbraun, mit gräulichen oder gelblichen Velumflocken, die etwas kegelig und abwischbar sind.
Stiel: weiß bis cremefarben, Ring weiß mit gelbem Rand und knolliger Basis wie beim Fliegenpilz.
Lamellen: weiß, dick und fest.
Fleisch: weiß, mild bis leicht bitter.
Geruch: neutral.
Wo: bei Fichten, ab Mittelgebirge.

FLASCHEN-STÄUBLING

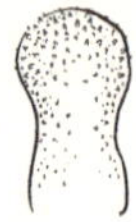

(Lycoperdon perlatum)

Den Pilz habe ich mal gerne gesammelt, aber er schmeckt mir nicht mehr. Was nicht heißt, dass er nicht für andere ein guter Speisepilz sein kann. Für ihn gilt, wie für alle Stäublinge, dass man ihn essen kann, so lange er innen weiß ist. Er eignet sich allerdings nicht zum Schmoren oder langen Kochen. Dann wird er zäh. Kurz in Butter oder Öl angebraten, zum Beispiel wie Kartoffeln in dünne Scheiben geschnitten, schmeckt er am besten. Man kann ihn auch roh essen, solange er jung und innen weiß und knackig ist. ➔ **S. 113**

Hut: flaschenähnlich, weiß und mit kleinen weißen Körnchen besetzt.
Stiel: kurz und weiß.
Fleisch: weiß bis cremefarben, wird bei Reife gelb-oliv.
Geruch: pilzig, angenehm.
Wo: Man kann ihn überall in Mischwäldern finden.

SCHWEFELRITTERLING

(Tricholoma sulphureum)

Dieser Pilz ist auffällig schwefelgelb und riecht, oder besser gesagt stinkt nach Leuchtgas. Einige Leute können den Geruch allerdings nicht wahrnehmen oder riechen Knoblauch. Für diejenigen, die den Pilz aufgrund seines unangenehmen Geruchs nicht sowieso stehenlassen, sei verraten: Er ist giftig. ➔ **S. 113**

Hut: schwefelig gelbgrünlich bis rotbräunlich mit gewelltem Rand.
Stiel: dünn, neongelb.
Lamellen: ausgebuchtet angewachsen, schwefelgelb.
Fleisch: fest und hellgelb.
Geruch: widerlich, nach Leuchtgas.
Wo: meist in Gruppen, auch an Wegrändern, kommt sowohl in Laub- als auch in Nadelwäldern vor.

ZOTTIGER BIRKENMILCHLING

(Lactarius torminosus)

Der Zottige Birkenmilchling sieht von oben 1 zu 1 aus wie der Edelreizker, nach dem Umdrehen sieht man aber die zottigen Fetzen am Hutrand und die weißen Lamellen. Er riecht etwas nach Lack. Der Pilz hat einen sehr scharfen Geschmack. Man muss es nicht unbedingt testen. ➔ **S. 113**

Hut: fleischrosa gezont mit eingerollten Rändern, filzig.
Lamellen: weiß bis cremefarben, dick und fest.
Stiel: zylindrisch, weiß über rosa bis braun.
Fleisch: brüchig, wässrig, weißblass rosa, mit weißlicher Milch.
Geruch: unangenehm, geraniumartig, lackartig.
Wo: bei Birken.

SAFRANSCHIRMLING

(Chlorophyllum rhacodes)

Dieser Pilz heißt wie er heißt, weil er beim Ankratzen safranorangene Rötungen zeigt. Sein Ring muss verschiebbar sein. Der Safranschirmling ist ein sehr guter Speisepilz, man sollte ihn aber nicht im Garten sammeln. Auf oder neben Kompost wächst häufig sein giftiger Doppelgänger, der Garten-Riesenschirmpilz oder auch Gift-Riesenschirmpilz. Er löst bei sehr vielen Menschen heftige Magen-Darm-Beschwerden aus. Vermeintliche Safranschirmlinge sollte man im Garten also lieber stehen lassen. ➔ **S. 114**

Hut: hellbraun bis beige, in der Mitte dunkler, mit groben Schüppchen bedeckt. Bei Verletzung mit rötlichen, orangeroten Stellen.
Stiel: weiß bis hellbraun, mit einem verschiebbaren Ring. Stiel knollenartig verdickt.
Lamellen: cremefarben, rötend bei Verletzungen.
Fleisch: weiß, zeigt Rötungen nach dem Ankratzen.
Geruch: angenehm pilzig.
Wo: Mischwälder, auf Nadelstreu.

ZIEGENLIPPE

(Xerocomus subtomentosus)

Ich finde, die Ziegenlippe, auch Gänsemaul genannt, hat nicht nur einen der besten Namen, sondern ist auch einer der schönsten Röhrlinge. Der Hut ist olivgrün und samtigweich wie eine Ziegenlippe. Die Röhren sind zitronengelb. Das Fleisch läuft nie blau an. Fast unverwechselbar, und trotzdem werden Röhrlinge von Pilzanfängern oft über den

Ziegenlippenkamm geschert. Vieles, was kein Birkenpilz ist, ist erst mal eine Ziegenlippe. Mit den Worten: „Und hier habe ich noch eine Ziegenlippe gefunden", werden mir zur Bestimmung alle möglichen Röhrlinge präsentiert und manchmal werden dabei Ziegenlippe und Ziegenbart auch zur selben Art. ➔ **S. 114**

Hut: gelblich bis olivbraun, matt und samtig, oft leicht filzig. Durchmesser etwa 5– 12 cm. Die Oberfläche kann bei Feuchtigkeit leicht schmierig werden.
Röhren: gelbliche bis olivgrüne Röhren auf der Unterseite, weich und leicht zu entfernen.
Stiel: schlank, zylindrisch, gelblich bis bräunlich mit feiner Maserung, manchmal leicht gebogen.
Fleisch: blassgelb, nicht bläuend, jedoch bei längerer Luftkontakt leicht bräunend. Der Geruch ist mild und angenehm.
Geruch: neutral.
Wo: bevorzugt Mischwälder, besonders bei warmer Witterung.

GRÜNBLÄTTRIGER SCHWEFELKOPF

(Hypholoma fasciculare)

Der Grünblättrige Schwefelkopf ist giftig. Lange galt er nur als leicht-giftig, aber mittlerweile sind heftige Magen-Darm-Beschwerden dokumentiert, die mitunter tagelang anhalten. Es ist also Vorsicht geboten. Das Gemeine ist, dass dieser Schwefelkopf mit einem sehr leckeren Schwefelkopf zu verwechseln ist, nämlich dem Rauchblättrigen Schwefelkopf. ➔ **S. 114**

Hut: gelblich-grün, auch braunrot, am Rand heller, gebuckelt.
Stiel: gelblich, schnell verdunkelnd.

Lamellen: grünlich, beim Alterungsgang grünbraunschwärzlich werdend.
Fleisch: schwefelgelb, dünnfleischig.
Geruch: unbedeutend.
Wo: Baumstümpfe und Wurzelbereich von abgestorbenen Laub- und Nadelbäumen.

RAUCHBLÄTTRIGER SCHWEFELKOPF

(Hypholoma capnoides)

Er ist der Einzige der Schwefelköpfe, der essbar ist und dann ist er gleich so lecker, dass es sich wirklich lohnt, sich mit den Unterschieden zu seinen Verwechslungspartnern vertraut zu machen. Der Pilz wächst gesellig, das heißt, es sind immer auch junge Exemplare im Büschel zu finden, die man in Augenschein nehmen sollte. Und hier kommt es auf die Lamellen an. Beim Rauchblättrigen sind sie grau-silbrig, haben niemals Grün- oder Gelbtöne. Die Hüte sind honiggelb, was ihm den Kosenamen Honigköpfchen beschert. Sie sind also nicht grünlich und auch nicht rötlich zur Hutmitte hin, wie beim Ziegelroten Schwefelkopf. Der wiederum gilt hierzulande als ungenießbar, aber in den USA und in Japan als Speisepilz und wird dort sogar kultiviert. Es könnte sich aber auch um eine andere Art handeln. Der Rauchblättrige kommt nur auf Nadelholz vor, während der Grünblättrige Vertreter nicht so wählerisch ist und auch auf Laubholzstümpfen zu finden ist. Um ganz auf Nummer sicher zu gehen, könnte man eine kleine Kostprobe nehmen, aber niemals runterschlucken. Ist der Geschmack mild, handelt es sich um die essbare Variante.

Einfach fünf Minuten anbraten und anschließend in der Suppe köcheln lassen – grandios! ➔ **S. 115**

Hut: warm-gelb, manchmal etwas rötliche Stellen.
Stiel: blassgelb, an der Basis etwas bräunlicher.
Lamellen: zartgrau, später kräftiger und grauviolett werdend.
Fleisch: dünnfleischig, mit einem leicht süßen Geschmack.
Geruch: etwas stechend, Blausäure-ähnlich, aber nicht unangenehm.
Wo: Totholz, meist Stümpfe von Fichten und Kiefern.

ROSA RETTICHHELMLING

(Mycena rosea)

Der Rosa Rettichhelmling ist ein kleiner, zartrosa Pilz, der in feuchten Umgebungen wächst. Das sieht sehr hübsch aus. Wie sein Name schon sagt, riecht dieser Pilz nach Rettich. Alle Rettichhelmlinge enthalten Muscarin. Bei schweren Vergiftungen hilft das Gift der Tollkirsche: Atropin. Der Rosa-Rettichhelmling enthält aber nur wenig Muscarin. ➔ **S. 115**

Hut: zartrosa, mit einem scharfen Rand.
Stiel: dünn, weiß bis rosa, leicht faserig.
Lamellen: weiß bis rosa, engstehend.
Fleisch: zart und elastisch, mit einem leicht scharfen, pfeffrigen oder rettichartigen Geschmack.
Geruch: rettichartig.
Wo: Buchen- und Mischwald.

DEHNBARER HELMLING

(Mycena epipterygia)

Der Dehnbare Helmling ist ungenießbar, aber es macht trotzdem Freude, ihn zu finden. Zieht man ihn am Stiel auseinander, bleiben beide Hälften lange durch eine gelatinöse Haut verbunden. Man kann ihn wie einen Kaugummi dehnen. → **S. 116**

Hut: klein, zeltartig, weiß bis hellgelb-grünlich.
Stiel: sehr dünn und biegsam, gelb-grün.
Lamellen: weißlich, angewachsen und mit Zahn herablaufend.
Fleisch: zart und elastisch, ohne starken Geschmack.
Geruch: unangenehm, muffig.
Wo: gern im Nadelwald unter Fichten, an Wegrändern.

FALSCHER PFIFFERLING

(Hygrophoropsis aurantiaca)

Der Falsche Pfifferling wird oft mit dem echten Pfifferling verwechselt, gehört aber einfach zu den Dickröhrlingen und hat einen völlig anderen Geschmack und Geruch. Im Gegensatz zum Echten Pfifferling hat dieser keine Leisten, sondern Lamellen, die leicht vom Fleisch gelöst werden können. Der Falsche Pfifferling ist in großen Mengen schwach giftig. Wenn einem aber mal einer ins Gericht rutscht, ist es nicht so schlimm. → **S. 116**

Hut: orange bis gelb, trichterförmig, Rand lange eingerollt.
Stiel: dünn und zylindrisch, orange bis gelb.
Lamellen: herablaufend, gelb-orange.

Fleisch: weich, schwammig, zäh.
Geruch: säuerlich, neutral.
Wo: Nadelwald, auf Nadelstreu und vergrabenem Holz.

HORNGRAUER RÜBLING

(Rhodocollybia asema)

Dieser Pilz wächst erst spät im Jahr, aber dann überall. Er füllt den Wald und bei manchen Leuten auch die Pilzpfannen, wenn die Beute ansonsten recht übersichtlich war. Mir schmeckt dieser Pilz nicht so sehr und ich lasse ihn darum immer stehen. ➔ **S. 116**

Hut: Relativ klein, zwischen 2 und 10 cm. Er hat eine graubraune bis hornfarbene Farbe, die mit zunehmendem Alter etwas blasser werden kann. Der Hutrand ist oft eingerollt, besonders im jungen Stadium.
Lamellen: Die Lamellen sind dicht und zuerst weiß bis cremefarben, werden mit der Zeit grau, ausgebuchtet, angeheftet.
Stiel: Der Stiel ist dünn, ähnlich gefärbt wie der Hut und meistens sehr kurz.
Fleisch: dünn und zart. Es hat eine weiße bis blass cremefarbene Farbe und ist jung feucht und elastisch.
Geruch: würzig, angenehm.
Wo: im Mischwald, gern unter Fichten auf saurem Boden.

WENN DU EINEN KORB BEKOMMST, GEH PILZE SAMMELN UND KOCH DIR WAS SCHÖNES ODER: MEINE LIEBLINGSREZEPTE

Wer wie ich oft und gerne Pilze sammelt, der hat am Ende des Tages immer was zu essen. Ob ich Pilze nicht langsam satthabe, fragen mich manchmal Leute. Nein. Pilze stehen nach wie vor ganz oben auf meinem Speiseplan. Ich könnte sie jeden Tag essen. Allerdings ist es nicht ratsam, Pilze in allzu großen Mengen zu essen. Zum einen sind sie schwer verdaulich, weil sie Chitin enthalten und zum anderen können Pilze Schwermetalle anreichern. In zu hoher Konzentration verursachen sie Nierenschäden. Die Deutsche Gesellschaft für Ernährung rät nicht mehr als 250 Gramm Wildpilze in der Woche zu verzehren. Ich esse auch immer nur kleine Portionen und verschenke viel Sammelgut in der Nachbarschaft oder konserviere sie auf die eine oder andere Weise. Man kann Pilze zum Beispiel sehr gut trocknen. Einige Pilze entfalten sogar erst im getrockneten Zustand ihr volles Aroma. Dazu schneidet man Pilze in Scheiben und lässt sie in einem Dörrgerät oder im Ofen mit halboffener Ofentür bei ca. 40 Grad Umluft trocknen. Anschließend sollte man sie in luftdichten Gläsern oder Plastiktüten lagern. Aus getrockneten Pilzen mache ich auch gerne Pulver. Das ist für Pilzpfannen oder Suppen sehr aromatisch. Einfrieren kann man Pilze auch gut. Roh eingefroren halten sie mindestens ein Jahr. Werden sie vorher blanchiert oder sind schon in einer anderen Form verarbeitet, halten sie nicht ganz so lange.

Am besten schmecken Pilze natürlich frisch. Aber sie müssen schnell verarbeitet werden. Im Kühlschrank halten sie nach dem Sammeln höchstens ein oder zwei Tage.

Ich stehe mit meinen Pilzen also oft am Herd und probiere gern neue Rezeptideen aus. Viele Rezepte habe ich von meinen Großeltern, die früher mal ein Restaurant besaßen. Wenn es schnell gehen muss, gibt's bei mir einfach eine Pilzpfanne. Da mische ich alles zusammen, auch Stein- und Schirmpilze. Wichtig ist immer, dass Pilze lange gebraten werden, mindestens 15 Minuten. Viele sind roh unbekömmlich. Beim Braten können einige Toxine und Bitterstoffe unschädlich gemacht werden, das Chitin wird leichter verdaulich und die Flüssigkeit verdampft, was dazu führt, dass Pilze ihren erdigen Umami-Geschmack entfalten können. Oft höre ich, dass Pilze nur einmal erhitzt werden können, aber das stimmt nicht. Sie können ruhig öfter erhitzt werden, sollten aber dazwischen kühl stehen.

Pilzsuppe mit Stockschwämmchen nach einem Rezept meiner Großeltern

Zutaten:

1 Zwiebel, fein gehackt
1–2 Knoblauchzehen, fein gehackt
1 Möhre, in kleine Würfel geschnitten
1 Stück Sellerie, in kleine Würfel geschnitten
1 Stange Lauch, in feine Ringe geschnitten
1 Liter selbstgemachte Gemüsebrühe
Eine Handvoll getrocknete Pilze nach Wahl
1 kleines Stück Ingwer (wer mag), fein gerieben
Salz, Pfeffer, Chili nach Geschmack
Frische Stockschwämmchen
1 TL Pilzkraut, getrocknet oder frisch
Frische Petersilie, fein gehackt
Frisches Pilzkraut, fein gehackt

Zubereitung:

1. Die Zwiebel in etwas Butter bei mittlerer Hitze glasig dünsten. Knoblauch hinzufügen und kurz mitdünsten, bis er duftet.
2. Möhre, Sellerie und Lauch hinzufügen und alles zusammen leicht anbraten. Mit der (am besten selbstgemachten) Gemüsebrühe ablöschen.
3. Die getrockneten Pilze und das Pilzkraut dazugeben und alles zusammen etwa 20–30 Minuten köcheln lassen.
4. Die Suppe mit Salz, Pfeffer und Chili abschmecken.
5. Optional etwas geriebenen Ingwer für eine leichte Schärfe hinzufügen.
6. Die Stockschwämmchen etwa 10 Minuten separat in einer Pfanne anbraten.

7. Zum Schluss die Brühe durch ein Sieb geben, um das Gemüse zu entfernen, und zurück in den Topf geben.
8. Die frischen Pilze und die vorgebratenen Stockschwämmchen in die Suppe geben und kurz erhitzen, bis sie gar sind.
9. Die fertige Suppe in Schalen servieren.
10. Mit frisch gehackter Petersilie und fein gehacktem Pilzkraut bestreuen.

Schwefelporlings-Schnitzel (Chicken of the Woods):

Zutaten:

1 junger Schwefelporling (Konsistenz sollte fest, aber nicht zu hart sein, wie Butter aus dem Kühlschrank)
Salz
Wasser zum Kochen
1 Ei
Mehl
Semmelbrösel
Butter oder Öl zum Braten oder Frittieren
Frisch gemahlener Pfeffer
Optional: eine Prise Muskatnuss
Beilage: Salat oder ein Joghurt-Knoblauch-Dip, Tomaten-Dip

Zubereitung:

1. Den Schwefelporling gründlich säubern und in etwa 1 cm dicke Scheiben schneiden. Der Pilz muss wirklich jung und frisch sein, damit er eine weiche, aber feste Konsistenz hat.
2. Einen Topf mit Salzwasser zum Kochen bringen und die Pilzscheiben darin etwa 5 Minuten kochen lassen. Das entfernt die Oxalsäure und reduziert Bitterstoffe. Anschließend gut abtropfen lassen und trocken tupfen.
3. Die Pilzscheiben zuerst in Mehl wenden, sodass sie gleichmäßig bedeckt sind. Danach in das verquirlte Ei tauchen.
4. Zum Schluss in den Semmelbröseln wälzen und leicht andrücken, damit die Panade gut haftet.

Für die gebratene Variante:

1. Butter oder Öl in einer Pfanne bei mittlerer Hitze erhitzen und die panierten Schwefelporlings-Schnitzel darin von beiden Seiten goldbraun braten. Alternativ: Die Pilze in heißem Öl frittieren, bis sie goldbraun und knusprig sind.
2. Nach dem Braten oder Frittieren die Schnitzel mit Pfeffer würzen und optional eine Prise Muskatnuss darüber streuen.
3. Die Schwefelporlings-Schnitzel sofort heiß servieren.

Dazu passt ein frischer Salat oder ein Joghurt-Knoblauch-Dip. Ein fruchtiger Tomaten-Dip passt ebenfalls sehr gut.

In Thailand, Japan und auch in Nordamerika gilt der Schwefelporling aufgrund seines Aromas nach Krabbe oder Hühnerfleisch als Delikatesse.

Fichtenzapfenrübling-Omelett mit Bärlauch und Schnittlauch

Zutaten:

Einige Fichtenzapfenrübling-Hüte (Stiele entfernt)
4 Eier
2 EL Milch
Salz und Pfeffer nach Geschmack
Eine Handvoll frische Bärlauchblätter, gehackt
1 EL frischer Schnittlauch, gehackt
1 EL Butter

Zubereitung:

1. Die Fichtenzapfenrüblinge putzen und die Stiele entfernen, weil nur die Hüte verwendet werden. Die Stiele sind zu zäh.
2. Die Eier in einer Schüssel aufschlagen, Milch hinzufügen und mit einer Gabel oder einem Schneebesen verquirlen. Mit Salz und Pfeffer würzen.
3. Die Butter in einer Pfanne bei mittlerer Hitze schmelzen lassen. Die Fichtenzapfenrüblinge hinzufügen und etwa 5 Minuten anbraten, bis sie leicht gebräunt sind.
4. Die Ei-Milch-Mischung gleichmäßig über die Pilze gießen. Den gehackten Bärlauch und Schnittlauch darüber streuen.
5. Das Omelett bei schwacher bis mittlerer Hitze 5–10 Minuten stocken lassen, bis die Eier fest sind.
6. Bei Bedarf noch etwas frischen Schnittlauch darüber streuen und guten Appetit.

OPINEL

WINTER

FUNGIS IM FROST

Für mich ist der Winter besonders, weil er ganz besondere Pilze hervorbringt, sowohl im Geschmack, als auch was ihre Fähigkeiten betrifft. Winterpilze besitzen eine Art Frostschutzmittel und können Temperaturen bis -25 Grad überleben. Beim Samtfußrübling hat man herausgefunden, dass er in der Lage ist, seinen Gefrierpunkt herabzusenken, so dass Wasser in seinen Zellen bei 0 Grad noch nicht gefriert. Um überhaupt Fruchtkörper ausbilden zu können, brauchen Winterpilze niedrige Temperaturen. Der Startschuss für den Austernseitling liegt zum Beispiel bei unter 11 Grad, beim Samtfußrübling um die 0 Grad. Fällt die Temperatur unter den individuellen Wohlfühlbereich, in denen die Pilze wachsen können, stellen sie ihr Wachstum ein. Wird es wieder wärmer, tauen sie auf und wachsen weiter. All das schadet weder ihrer Konsistenz noch dem Geschmack oder ihren Inhaltsstoffen. Und Winterpilze sind vollgepackt mit gesunden Inhaltsstoffen. Der Austernseitling soll zum Beispiel Tumore zerstören können.

Ich kann mich noch gut daran erinnern, wie überrascht ich war, als ich meine ersten Winterpilze gegessen habe. Es waren Samtfußrüblinge und sie schmeckten nicht so dumpf, erdig, umamimäßig pilzig wie andere Pilze, sondern sie hatten was Süßes und waren etwas glitschig, auch in der Pfanne. Ich finde das superlecker.

Nicht zuletzt bedeutet Winter für mich – zumindest bis jetzt – eine unerfüllte Mission. Jeder Pilzfreund und jede Pilzfreundin auf Instagram scheint das durch einen Pilz ausgelöste Naturphänomen Haareis schon gefunden zu haben – jeder, außer mir. Ich würde diese weißen Frisuren auf Ästen so gerne mal selbst finden. Die feinen Haare bilden sich, wenn es in der Nacht Frost und am darauffolgenden Tag wieder Plusgrade gibt. Der Pilz soll dabei Wasser und CO_2 durch Zellatmung aus dem Holz drücken, wobei das Wasser durch organische Substanzen sofort gefriert und diese Gebilde entstehen lässt.

SAMTFUSSRÜBLING

(Flammulina velutipes)

Samtfußrüblinge gibts auch bei Edeka. Man würde sie allerdings nicht erkennen, wenn man sie in der Form sucht, die man im Winterwald gefunden hat. Das liegt daran, dass der Samtfußrübling in Asien ein extrem beliebter Zuchtpilz ist. Er wird in Dunkelheit in langen Gefäßen kultiviert, was ihm sein weißes, langstieliges Aussehen verleiht. Jährlich werden hunderttausende Tonnen von ihm angebaut. Unter dem Namen Enoki finden wir ihn dann in vielen asiatischen Gerichten wieder. Dieser Pilz hat ein süßliches, weiches Aroma, schmeckt ganz anders, als alle anderen Pilze. Ich habe einige Kochexperimente mit Samtfußrüblingen hinter mir. Er eignet sich gut zum Braten, aber in Suppen ist der unschlagbar. Der Samtfußrübling wächst büschelig an Baumstümpfen. Seine Hüte sind orange-braun und klebrig-schmierig. Daran kann man ihn gut erkennen. Man sollte sich schon mit den Unterschieden zu seinem wichtigsten und sehr giftigen Verwechslungspartner auskennen. Das ist der Gifthäubling, der auch teilweise auf gleichem Substrat wächst. Im Gegensatz zum Samtfußrübling wächst der Gifthäubling nach Frost nicht mehr frisch. Gerade aber in der Übergangszeit Herbst/Winter muss man aufpassen. Gut unterscheiden lassen sich die beiden Pilze an ihrem Stiel. Beim Gifthäubling ist er silbernbraun flockig gefasert mit einem zumindest angedeuteten Ring und beim Samtfußrübling fühlt sich der Stiel samtig an, ist unter dem Hut heller und wird zur Basis dunkler, bis fast schwarz. Er ist zäh, wenn man ihn zusammendrückt, geht er zurück in seine Form. Man isst ihn deshalb übrigens auch nicht mit. Ganz auf Nummer sicher geht man mit einem Sporenabdruck. Beim Samtfußrübling sind die Sporen weiß, beim Gifthäubling hellbraun. ➔ **S. 117**

Hut: gelb bis orange, klebrig-schmierig.
Stiel: samtig und hellbraun bis schwarz werdend, sehr fest.
Fleisch: zart und mild im Geschmack.
Geruch: angenehm, süßlich.
Wo: wächst büschelweise auf abgestorbenem oder geschwächtem Material, vor allem an Laubholz.

JUDASOHR

(Auricularia auricula-judae)

Unter dem Namen Mu-Err-Pilz oder chinesische Morchel taucht das Judasohr oft in asiatischen Gerichten auf, vor allem in Suppen und Salaten. Man schätzt in der asiatischen Küche vor allem seine gummiartige Konsistenz und in der chinesischen Medizin seine immunstärkenden Inhaltsstoffe. Er wird gegen unzählige Leiden eingesetzt. Bei uns findet man das Judasohr hauptsächlich auf totem Laubholz, besonders Holunder hat es ihm angetan. Warum das Judasohr ausgerechnet an Holunder so einen Gefallen findet, hat die Wissenschaft bisher noch nicht herausgefunden, Sagenerzähler hingegen wissen, warum Judasohren an Holunder wachsen. Der Jünger Judas Iskariot hat sich nämlich vor lauter Scham und Schuld und Reue über seinen Verrat von Jesus an einem Holunder erhängt. Seitdem wachsen seine Ohren noch an Holunder. Bei Trockenheit schrumpfen sie, werden aber wieder frisch, wenn sie mit Wasser in Berührung kommen. ➔ **S. 117**

Hut: braun bis schwarz, ohr- oder schalenförmig.
Stiel: fehlend, mit kurzer Anwachszone.
Fleisch: zäh und gummiartig.
Wo: Laubholz, vor allem Holunder.
Geruch: etwas erdig.

GELBSTIELIGER MUSCHELSEITLING

(Panellus serotinus)

Der Gelbstielige Muschelseitling ist der Hauptverwechslungspartner des Austern-Seitlings. Er sieht ihm ähnlich, hat aber hier und da Grün- und Gelbtöne. Am besten unterscheiden lassen sich die zwei Pilzarten bei einem Blick auf die Lamellen. Während sie beim Austernseitling am Stiel ganz herablaufen, gibt es beim Gelbstieligen Muschelseitling eine Zone am Stiel, an der die Lamellen klar abgegrenzt sind. Der Pilz gilt als essbar, schmeckt aber oft bitterlich und es gibt Berichte darüber, dass der Gelbstielige Muschelseitling doch Giftstoffe haben soll, die sich in Fettzellen einlagern und freigesetzt werden, sobald man abnimmt. ➔ **S. 117**

Hut: grün, schwarzbraun, braun, ocker, muschelförmig.
Stiel: kurz, seitlich, in allen möglichen Gelbvarianten.
Fleisch: weiß-ocker, zäh.

Geruch: leicht pilzig.
Wo: wächst an lebendem und abgestorbenem Laubholz, nicht selten mit Austernseitlingen zusammen.

WINTERHELMLING

(Mycena tintinnabulum)

Der Winterhelmling ist ein häufig vorkommender Pilz im Winter, gerade an alten Buchenstümpfen oder auch an Stämmen. Ich kenne einen Stamm, da wachsen Tausende dran. Das ist ein richtig schöner Pilz, aber leider kein Speisepilz. Man kann ihn wohl essen, er soll aber fürchterlich modrig schmecken. → **S. 118**

Hut: kleine Rillen am Hutrand (Riefen), so kleine Streifen, braun.
Stiel: Bräunlich und zur Spitze hin wird er immer heller und ist dann fast weiß.
Fleisch: zäh.
Geruch: erdig-seifig.
Wo: In Laubwäldern an Totholz, vor allem Buche, Baumstümpfe, vergrabenem Holz, büschelig wachsend.

GOLDGELBER ZITTERLING

(Tremella mesenterica)

Der Goldgelbe Zitterling parasitiert auf dem Myzel von Zystidenrindenpilzen und sorgt für Farbkleckse im ansonsten braunen Winterwald. Aber dafür braucht er Feuchtigkeit. Bekommt er die, glibbert und zittert er in Gelb an abgestorbenen Ästen verschiedener Laubhölzer. Wird es ihm zu trocken, was schnell passiert, schrumpft er stark zusammen, um bei Regen wieder aufzuleben. In einiger Literatur wird er als ungenießbar beschrieben, aber er ist ungiftig und soll einfach nur nach nichts schmecken. Manche Leute haben ihn wegen seiner Konsistenz gern in ihrer Suppe. ➔ **S. 118**

Hut: ganzer Fruchtkörper gelb, gallertartig, hirnartig und faltig.
Stiel: fehlt.
Fleisch: dünn, gummiartig.
Geruch: neutral.
Wo: an abgestorbenem Laubholz.

WARZIGER DRÜSLING

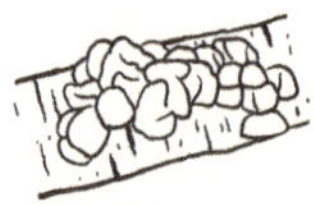

(Exidia glandulosa)

Man nennt ihn auch Hexenbutter und so wie er heißt, sieht er auch aus, wie ein schwarzes geleeartiges „Zeug“, das plötzlich nach Regenfällen auf Totholz auftaucht, wie von mysteriösen Waldwesen hingeschmiert. ➔ **S. 118**

Hut: ganzer Fruchtkörper dunkelbraun bis schwarz, kreiselförmig-hirnartig.
Stiel: nicht vorhanden.
Fleisch: zäh, klebrig.
Geruch: neutral.
Wo: wächst auf totem Laubholz, gerne Buche oder Birke.

LIVING FOREVER

VITALPILZE

Als ich einmal meinen Pilzfreund Eckart zu Hause besucht habe, fand ich ihn kaum. Er stand in einer dichten Mehlwolke der Birkenporlinge, die er gerade in einer großen Mühle gemalt hat. Bis dahin hatte ich mich für Vitalpilze und deren Verwendung kaum interessiert. Wildkräuter waren mir bis dahin ein Begriff, aber Vitalpilze? Keine Ahnung. Aber das änderte sich an diesem Tag, als ich von den erstaunlichsten Heilkräften hörte, die einigen Pilzen nachgesagt werden. Sie gelten als immunstärkend und entzündungshemmend. Die einen sollen positiv auf die Knochen wirken, die anderen auf das Nervensystem und die Gehirnfunktionen, einige sollen den Blutzucker regulieren, andere Depressionen lindern oder sogar Krebstumore zerstören können.

Die Meinungen zu Vitalpilzen und der Glaube an ihre gesundheitsfördernden Kräfte gehen auseinander und es fehlen verlässliche Studien. Fakt ist, dass sie seit Jahrhunderten ein fester Bestandteil der ayurvedischen und traditionellen chinesischen Medizin sind. Schon die Gletschermumie Ötzi hatte zwei Bröckchen Zunderschwamm und Birkenporling in seiner Reiseapotheke. Zu den bekanntesten Vitalpilzen, die es auch in unseren Wäldern gibt, gehören Austernseitlinge, Pfifferlinge, Samtfußrüblinge, Igelstachelbart, Klapperschwamm, Champignons, der Glänzende Lackporling und Judasohren. Und wer sie im Wald nicht findet, kann sie sich in Kapseln gepresst kaufen. In Deutschland dürfen höhere Pilze – Pilze, die man mit bloßem Auge sieht – nur als Nahrungsergänzungsmittel angeboten, nicht aber zur Vorbeugung oder Heilung von Krankheiten beworben oder gar als Arzneimittel verkauft werden. Die Wirkstoffe niederer Pilze – Pilze, die für das bloße Auge unsichtbar sind – haben einen ganz anderen Stellenwert, da muss man sich die Medizinwelt nur mal ohne Penicillin vorstellen. Herzerkrankungen, Rheuma, Osteoporose, Asthma, Allergien, Depressionen, Diabetes, Geschwüre – für jedes Leid ein Pilz.

Ich persönlich finde Vitalpilze spannend und freue mich immer, wenn ich welche finde. Oder erjage. Was die Leute am Badesee in Brandenburg wohl damals von mir dachten, als sie mich mit einer Axt und blauen Mülltüte in den Wald gehen und mit Axt und einer vollen Tüte wieder herauskommen gesehen haben? Niemand wird in meiner Tüte wohl einen König vermutet haben, den König der Vitalpilze, den Chaga. Ich hatte ihn mit der Axt von einem Baum geschlagen. Der Chaga-Pilz, der aufgrund seiner außergewöhnlich hohen Konzentration an gesundheitsfördernden Inhaltsstoffen der König der Vitalpilze genannt wird, ist wirklich keine majestätische Schönheit, er ist eine knorrige, schwarze Wucherung an Baumrinden. Aber so hässlich er auch aussieht, so begehrt ist er. Viele Pilzfreundinnen und -freunde nehmen einiges auf sich. Ich wusste von einer Stelle in der Nähe von Bautzen, wo schon der Chaga gesichtet wurde. Als ich dann dort ein Fußballspiel hatte, war klar, was passieren musste. Ich musste den Chaga, den es dort geben sollte, finden. Jemand hatte mir auf einem Blatt eine Skizze der Fundstelle gezeichnet. Mit dieser Schatzkarte in der Hand und Oma neben mir im Auto sind wir um ganz Rammenau gefahren, mehrfach, haben angehalten, um Leute nach Birkenalleen zu fragen. Man sah uns skeptisch an und schüttelte den Kopf.

Nach anderthalb Stunden dann fanden wir sie endlich, die eingezeichnete Birkenallee. Schon von Weitem sah ich die dicke schwarze Wulst, die mein Herz höherschlagen ließ. Wir hatten ihn gefunden, nur leider: der Chaga war dann gar kein Chaga, sondern eine Maserknolle – ein Baumkrebs. Oma fand es lustig. Ich war enttäuscht.

CHAGA/SCHILLERPORLING

(Inonotus obliquus)

Auch als Schiefer Schillerporling bekannt, wächst der Chaga bevorzugt an Birken in kalten Regionen. Man findet ihn vor allem in Sibirien, Kanada und Skandinavien, aber auch hierzulande – nur nicht so häufig. Den Chaga, den wir sammeln, ist nicht die Hauptfruchtform, die in der Rinde wächst, sondern das Sklerotium. Er sieht aus wie verbrannte Holzkohle, schwarz, was an seinem hohen Melaningehalt liegt. Innen ist er rötlich-braun und goldgelb marmoriert, seine Konsistenz wie Kork. Wenn man den Chaga erntet, dann sollte man nur einen Teil von ihm abmachen, so kann er einfach wieder nachwachsen. Das dauert nur ein paar Jahre...

Aus Chaga mache ich gerne eine Art schwarzen Tee. Dafür hacke ich ihn in kleine Brocken. Wenn man erst mal durch seine feste Kruste durch ist, geht das ganz einfach. Dann übergieße ich ein paar dieser Bröckchen mit heißem Wasser und lasse ihn ziehen, mindestens 20 bis 30 Minuten. Das Wasser verfärbt sich schwarz. ➔ **S. 119**

Fruchtkörper: dunkelbraun bis schwarz, unregelmäßig knollig, krustenartig verhärtet.
Stiel: Nicht vorhanden.

Fleisch: Zäh, brüchig im Inneren, rötlich bis goldbraun, holzig.
Geruch: Neutral bis leicht holzig.
Wo: Wächst an lebenden Birken, seltener an anderen Laubbäumen, vor allem in kalten Regionen, bricht durch die Rinde.
Antioxidative Eigenschaften: Enthält hohe Mengen an Melanin und Polyphenolen, die freie Radikale neutralisieren. Unterstützt die Zellerneuerung und verlangsamt den Alterungsprozess.

Immunstärkend: Beta-Glucane modulieren das Immunsystem, fördern die Abwehrkräfte und hemmen Entzündungen. Wird traditionell bei Erkältungen und grippalen Infekten eingesetzt.
Antitumor-Potenzial: Studien deuten darauf hin, dass Chaga das Wachstum bestimmter Krebszellen hemmen kann, indem es oxidativen Stress reduziert und einen programmierten Zelltod fördert.
Blutdruck- und Blutzuckerregulation: Hilft bei der Stabilisierung des Blutdrucks und der Blutzuckerwerte, was besonders bei Diabetes und Herz-Kreislauf-Erkrankungen unterstützend wirkt.
Verdauungsförderung: Enthält Stoffe, die die Leber entlasten und die Verdauung fördern.

BIRKENPORLINGE

(Fomitopsis betulina)

Ebenfalls an Birken wachsen Birkenporlinge (Fomitopsis betulina). Aber sie wachsen nicht an gesunden Birken, sondern an abgestorbenen, teils schon liegenden und verrottenden Birkenstämmen. Zuerst zeigen sich diese Baumpilze als kleine cremefarbene Knollen, wachsen dann zu nierenförmigen Kissen heran, mit einer buckeligen, glatten Oberfläche. Die fühlt sich nicht so gefurcht und hart an, wie zum Beispiel die des bekannten Zunderschwamms. Das liegt daran, dass Birkenporlinge einjährig wachsen und keine Zeit haben, so auszuhärten wie andere Baumpilze. Birkenporlinge wachsen also das ganze Jahr, aber die beste Erntezeit ist zwischen Spätherbst und Winter. Bei diesen kälteren Temperaturen starten sie häufig ihr Wachstum. Wichtig ist, dass die Unterseite, die Porenschicht, noch reinweiß ist, denn schwarze oder gräuliche Flecken wären Schimmel und sich den zuzuführen wäre ziemlich kontraproduktiv. Zum Braten ist der Birkenporling nix, weil er schon jung ziemlich bitter schmeckt, aber man kann ihn auf verschiedene andere Weise verwenden, auch als Tee, wie den Chaga. Dazu schneidet man den frischen Pilz in kleine Scheiben oder Würfel, übergießt diese mit kochendem Wasser und lässt das Ganze etwa 20 Minuten ziehen. Da nicht alle der Vitalstoffe, die der Pilz aus der Birke zieht, wasserlöslich sind, finde ich es besser, den Pilz zuerst zu trocknen und dann zu pulverisieren. Zum Trocknen sollte er auch bereits in kleine Stücke geschnitten sein, da er erstens schneller trocknet und zweitens später viel zu hart ist, um ihn noch zu zerteilen. Als Pulver kann man ihn dann in heißes Wasser geben, etwa zwei Teelöffel auf eine Tasse und sich zurücklehnen. Tschüss Sodbrennen! Jeglichen Magenproblemen und Erkältungssymptomen wird nun der Kampf angesagt. Der Birkenporling wirkt antibakteriell, antiviral und entzündungshemmend. Man kann den bitteren Tee ein bisschen mit Kräutern aufpeppen. Der Birkenporling hat auch frisch noch einen praktischen Nutzen. Man kann aus ihm nämlich ein Wundpflaster herstellen. Mal angenommen, man verletzt sich im Wald und steht zufällig neben einem Birkenporling mit schöner, weißer Porenschicht. Diese kann man ablösen und sich um den Finger wickeln. Das stillt augenblicklich die Blutung und wirkt antiseptisch. Ich kenne Leute, die machen eine Tinktur aus Birkenporlingen und legen ihn dafür in hochprozentigen Alkohol ein, aber das habe ich selbst noch nie probiert. ➔ **S. 119**

Fruchtkörper: Weißlich bis hellbraun, halbkugelig bis hufförmig, kissenartig, glatt, mit feinen Rissen im Alter.
Stiel: Nicht vorhanden.
Fleisch: Korkig, zäh, weißlich, im Alter sehr fest.
Geruch: säuerlich, pilzig.
Wo: Wächst an toten oder geschwächten Birkenstämmen, europaweit vverbreitet. Enthält Beta-Glucane, die die Aktivität der Immunzellen anregen. Wirksam gegen Viren, Bakterien und Pilzinfektionen.

Antibakterielle Wirkung: Enthält Betulin und Betulinsäure, die das Wachstum schädlicher Bakterien hemmen können. Besonders gut gegen Magen-Darm-Infektionen und Hautentzündungen.
Entgiftung: Fördert die Ausscheidung von Giftstoffen über die Leber. Unterstützt die Regeneration des Verdauungstrakts, besonders nach Antibiotika-Therapien.
Verdauungsfördernd: Traditionell bei Magenbeschwerden und Sodbrennen eingesetzt. Schützt die Magenschleimhaut und fördert die Darmgesundheit.
Wundheilung: Frischer Birkenporling kann äußerlich auf Wunden aufgelegt werden. Wirkt entzündungshemmend und fördert die Heilung. Fördert das Haarwachstum.

SCHMETTERLINGSTRAMETE

(Trametes versicolor)

Ein ziemlich häufiger Vitalpilz, der in unseren Wäldern anzutreffen ist, ist die farbenprächtige Schmetterlingstramete (Trametes versicolor). Sie wächst das ganze Jahr über, frisch von Frühsommer bis Spätherbst an Laubholzstümpfen oder alten Ästen, am liebsten da, wo es feucht und schattig ist. Schmetterlingstrameten wachsen dachziegelartig und haben dünne, samtige Fruchtkörper mit einem breiten Farbspektrum. Es reicht von rötlich bis braun, gelblich, grau, blau, immer in Verbindung auch mit schwarz. Um die Schmetterlingstramete von anderen Baumpilzen abzugrenzen sind diese Schwarz-blau-Töne ein wichtiges Unterscheidungsmerkmal. Ein anderer Hinweis, dass man es mit einer Schmetterlingstramete und nicht zum Beispiel mit der Gezonten Tramete zu tun hat, ist die sogenannte Cortexschicht. Man sieht sie als dünne Linie unter dem Hut, wenn man eine Schmetterlingstramete zerschneidet. Unter dem Hut ist dieser Pilz weiß, solange er noch jung ist. Ist das der Fall, kann man sich die Schmetterlingstramete als Waldkaugummi in den Mund stecken. Sie ist ziemlich zäh und trainiert die Kaumuskeln. Schmetterlingstrameten haben einen angenehmen Pilzgeschmack, weshalb es sich lohnt, sie zu pulverisieren und in Suppen zu geben. Ich schütte mir das Pulver auch manchmal ins Müsli. Dieser Vitalpilz hat nicht nur diese Zauberkräfte für das Immunsystem, sondern er hat Enzyme, die helfen, Umweltgifte, Chemikalien wieder in ihre Grundbausteine zu zerlegen. Das wird also in Zukunft noch spannend, mit der Schmetterlingstramete werden. ➔ **S. 119**

Fruchtkörper: Mehrfarbig konzentrisch gestreift (Braun, Grau, Weiß, Blau- bis Grüntöne möglich), fächerförmig, samtig, dünn. Zwischen Huthaut und Fleisch ist meist eine dunkle Schicht (Cortexschicht)
Stiel: Nicht vorhanden.
Fleisch: Dünn, zäh, ledrig.
Geruch: Mild, angenehm pilzig.
Wo: Wächst auf totem Laubholz, bevorzugt Buche, aber auch andere Laubbäume.

Antioxidativ: Schützt Zellen vor oxidativem Stress und reduziert Entzündungen.
Immunstimulierung: Regt die Produktion von T-Zellen und natürlichen Killerzellen an, die Infektionen und Tumorzellen bekämpfen.
Verdauungsunterstützung: Fördert die Darmgesundheit durch Präbiotika, die das Wachstum nützlicher Darmbakterien fördern.
Antivirale Wirkung: Hat eine hemmende Wirkung auf Viren, einschließlich Epstein-Barr-Virus und HIV.

WAS DU DICH NIE TRAUST ZU FRAGEN, ODER: SO SEHEN BÄUME AUS

Keine Pilze ohne Bäume. Weil viele Pilze mit bestimmten Bäumen enge Partnerschaften eingehen und nur in deren Nähe überhaupt wachsen können, verraten Bäume uns Pilzsammlern, welche Pilze wir wo suchen und finden können (s. Wo finde ich Pilze). Steinpilze, Maronen und Täublinge wachsen zum Beispiel unter Eichen, hingegen wir unter Buchen Pfifferlinge und Rotkappen finden. Fichten zeigen Hallimasch und Speisemorchel an, Kiefern Maronen und Reizker. Im Umkreis von Birken gibt es unter anderem Röhrlinge. Dazu müssen wir Bäume natürlich bestimmen können. Ich habe während meiner Pilztouren oft festgestellt, dass es vielen Leuten tatsächlich schwerfällt, eine Buche zu erkennen. Gerade Städter und Städterinnen, die wenig Zeit in der Natur verbringen, können auf einen Blick eher einen Schnellimbiss von einem Restaurant unterscheiden als eine Kiefer von einer Fichte. Ich merke, dass das vielen unangenehm ist und sie sich nicht trauen zu fragen, wie das Blatt einer Pappel oder die Rinde einer Lärche aussieht.

GLOSSAR

Schlauchpilze
Eine große Gruppe von Pilzen, die ihre Sporen in schalenartigen Strukturen, sogenannten Asci, bilden. Zu ihnen zählen Trüffel, Morcheln und Hefe.

Ständerpilze
Eine Pilzgruppe, die ihre Sporen an keulenförmigen Strukturen, den Basidien, bildet. Dazu gehören viele bekannte Speisepilze wie Champignons, Steinpilze und Fliegenpilze.

Hyphen
Feine, fadenförmige Strukturen, die das Wachstum und die Verbreitung des Pilzes ermöglichen. Hyphen verbinden sich und bilden das Myzel.

Myzel
Das eigentliche „Körpernetzwerk" des Pilzes, das aus einem Geflecht von Hyphen besteht. Das Myzel wächst meist unterirdisch und stellt die Hauptstruktur des Pilzes dar.

Sporen
Die Fortpflanzungszellen der Pilze. Sie können sich in der Luft verbreiten und keimen, wenn sie auf eine geeignete Umgebung treffen. Sporen entsprechen bei Pilzen den Samen von Pflanzen.

Fruchtkörper
Die sichtbaren Strukturen eines Pilzes, wie der Hut und Stiel, die hauptsächlich dazu dienen, Sporen zu verbreiten.

Mykorrhiza
Eine symbiotische Beziehung zwischen Pilzen und Pflanzenwurzeln. Der Pilz hilft der Pflanze bei der Aufnahme von Wasser und Nährstoffen, während die Pflanze dem Pilz Zucker liefert.

Symbiose
Eine Form des Zusammenlebens zwischen zwei Organismen, bei der beide Partner einen Vorteil haben. Pilze gehen oft symbiotische Beziehungen mit Pflanzen, Algen oder Bakterien ein.

Saprophyt
Ein Organismus, der sich von totem organischen Material ernährt. Viele Pilze sind Saprophyten und tragen zur Zersetzung von Blättern, Holz und anderen Pflanzenresten bei.

Parasit
Ein Organismus, der auf Kosten eines Wirtsorganismus lebt und ihm oft Schaden zufügt. Einige Pilze sind Parasiten und können Pflanzen, Tiere oder sogar andere Pilze befallen.

Flechte
Eine Lebensgemeinschaft zwischen einem Pilz und Algen oder Cyanobakterien, die zusammen eine symbiotische Einheit bilden. Flechten sind extrem widerstandsfähig und kommen in unterschiedlichsten Lebensräumen vor.

Velum
Eine dünne Gewebeschicht, die während des Wachstums des Pilzes die Lamellen (Sporenträger) oder Poren an der Unterseite des Hutes bedeckt. Wenn der Hut wächst und sich öffnet, reißt das Velum partiale und hinterlässt oft sichtbare Reste. Diese können sich als Ring am Stiel oder als Fetzen am Hutrand zeigen.

Lamellen
Die dünnen, blattartigen Strukturen an der Unterseite vieler Pilzhüte, auf denen die Sporen gebildet werden. Manche Pilze haben statt Lamellen, Röhren oder Stacheln.

Sporangium
Eine spezielle Struktur bei manchen Pilzen, die Sporen produziert und freisetzt.

Enzyme
Biochemische Substanzen, die von Pilzen abgegeben werden, um organisches Material in einfache Nährstoffe zu zersetzen, die sie dann aufnehmen können.

Wood Wide Web
Ein informeller Begriff für das unterirdische Netzwerk von Pilzen und Pflanzenwurzeln, durch das Pflanzen und Pilze miteinander kommunizieren und Nährstoffe austauschen.

Cordyceps
Eine Gattung parasitischer Pilze, die Insekten infizieren und deren Verhalten steuern. Ein Beispiel für parasitäre Kontrolle in der Natur.

Mykologe/Mykologin

Ein Wissenschaftler oder eine Wissenschaftlerin, die sich mit der Erforschung von Pilzen beschäftigt.

Schimmelpilz

Eine Art von Pilz, der häufig auf Lebensmitteln oder feuchten Oberflächen wächst. Einige Schimmelpilze sind für uns nützlich (z. B. Penicillium), während andere gesundheitsschädlich sein können.

Hefe

Ein einzelliger Pilz, der zur Gärung genutzt wird. Hefen sind wichtige Bestandteile in der Backwaren- und Getränkeherstellung.

Amatoxine

Eine Gruppe extrem giftiger Substanzen, die in einigen Pilzen, wie dem Grünen Knollenblätterpilz, vorkommen und für Menschen lebensbedrohlich sein können.

Biolumineszenz

Ein Phänomen, bei dem bestimmte Pilze, wie der Leuchtpilz, Licht produzieren können. Dies dient oft zur Anlockung von Insekten, die die Sporen verbreiten.

Exoenzyme

Enzyme, die Pilze nach außen abgeben, um komplexe organische Verbindungen in ihre Grundbausteine zu zersetzen und so für die Nahrungsaufnahme vorzubereiten.

Fadenpilze
Pilze, die aus langen Hyphen bestehen und oft auf der Oberfläche von organischem Material wachsen, zum Beispiel Schimmelpilze.

Haustorien
Speziell angepasste Hyphen bei parasitischen Pilzen, die in die Zellen ihres Wirts eindringen und Nährstoffe direkt aus diesen entziehen.

Holzabbauer
Pilze, die Holz zersetzen, indem sie Lignin und Zellulose abbauen. Beispiele sind der Zunderschwamm und der Schwefelporling.

Karyogamie
Der Prozess der Zellkernverschmelzung bei der geschlechtlichen Fortpflanzung von Pilzen, bei dem die Zellkerne von zwei Elternzellen zu einem einzigen Zellkern verschmelzen.

Melanin
Ein Pigment, das in der Zellwand vieler Pilze vorkommt und als Schutz gegen UV-Strahlung und Umwelteinflüsse dient.

Primärzersetzer
Pilze, die frisches organisches Material abbauen und so die Grundlage für das Ökosystem schaffen. Beispiele sind Pilze, die Falllaub oder abgestorbene Pflanzen zersetzen.

Rhizomorph
Wurzelähnliche Hyphenbündel, die einige Pilze, wie der Hallimasch, bilden, um Nährstoffe über längere Distanzen zu transportieren.

Schleimpilz
Ein pilzähnlicher Organismus, der in einer amöbenartigen Form lebt und sich kriechend bewegt, um Nahrung zu finden. Im Gegensatz zu echten Pilzen gehört er nicht zur gleichen biologischen Gruppe.

Sekundärzersetzer
Pilze, die organisches Material zersetzen, das bereits von anderen Organismen, wie Bakterien oder Primärzersetzer-Pilzen, abgebaut wurde. Sie spielen eine wichtige Rolle im Nährstoffkreislauf.

Sklerotium
Ein festes, langlebiges Überdauerungsorgan, das Pilze unter widrigen Bedingungen bilden. Es speichert Nährstoffe und ermöglicht es dem Pilz, Trockenheit und Kälte zu überstehen.

Symbiosepartner
Pflanzen oder andere Organismen, die mit Pilzen in gegenseitig vorteilhafte Beziehungen treten, wie etwa in der Mykorrhiza.

Zwischenwirte
Organismen, in denen parasitische Pilze ihre Lebenszyklen fortsetzen, bevor sie in den endgültigen Wirt übergehen. Einige Pilze benötigen mehrere Wirte für ihre Vermehrung.

PILZADDICTED

LITERATUR

https://www.123pilzsuche.de/
https://www.dgfm-ev.de/
„Der große BLV Pilzführer“, Ewald Gerhardt (BLV, 2020)
„Welcher Pilz ist das?“ Markus Flück (Kosmos, 2024)
„Verwobenes Leben: Wie Pilze unsere Welt formen und unsere Zukunft beeinflussen.“ Merlin Sheldrake (Ullstein, 2020)
„Pilze: Wissenswertes und Kurioses – 55 erstaunliche Fakten.“ (Jan Thorbecke Verlag, 2023)

INDEX

GUTKIND

www.gutkind-verlag.de

ISBN 978-3-98941-032-9

Co-Autorin: Ariane Grundies
Illustrationen: Martina Franck
Abbildungen: © Andrea Goldbach: S. 12, 18, 80, 174; © Bruno Hayn: S. 182; © René Jurisch: S. 72, 166, 192; © privat: S. 8, 26, 34, 46, 52, 120, 148, 202
Umschlag: FAVORITBUERO, München
Umschlagabbildungen: © galunga.art/Shutterstock
Autorenfoto: © Johannes Jurisch
Satz: Red Cape Production, Berlin
Gesetzt aus der Questa Pro
Druck und Bindung: GGP Media GmbH, Pößneck

Bei Fragen und Anmerkungen zum Produkt wenden Sie sich bitte an: info@gutkind-verlag.de
Gutkind Verlag GmbH · Friedrichstr. 126 · 10117 Berlin

FSC www.fsc.org MIX Papier | Fördert gute Waldnutzung FSC® C014496

PRODUZIERT MIT VERANTWORTUNG